RIESS WOOD³ MODULARE HOLZBAUSYSTEME

Otto Kapfinger Ulrich Wieler Hg. Eds.

RIESS WOOD³ MODULARE HOLZBAUSYSTEME

SpringerWienNewYork

Vom Einzelstück zum Stadtbaustein

Friedrich Kurrent Sommerein, im Juni 2006

Hubert Rieß, gleich nach dem Krieg im Innviertel geboren, aus einer Bäckerfamilie stammend, ist mit dem Handwerk aufgewachsen. Kennengelernt habe ich ihn 1980 auf der Nordland-Exkursion meines Münchner Lehrstuhls in Stockholm. Als Vermittler wirkte mein Assistent Nikolaus Schuster, bei dessen Vater, Ferdinand Schuster – einem wesentlichen, heute etwas vergessenen Mentor der Grazer Szene –, Rieß studiert hatte. Damals arbeitete Rieß in Schweden bei Ralph Erskine und war mit Jan Gezelius befreundet, mit dem er uns bekannt machte. Gezelius hatte gerade das Ethnographische Museum in Stockholm fertiggestellt, das er uns zeigte. Damit sind die beiden nordischen Protagonisten genannt, die für Rieß bestimmend wurden: Gezelius, der letzte lebende in der langen Reihe schwedischer Meisterarchitekten von Gunnar Asplund und Sigurd Lewerentz bis zu Klas Anshelm und Peter Celsing. Gezelius, der Meister des diffizilen Einzelbauwerks, und Erskine, der souveräne Planer der Wohnstadt. Durch meinen Vorgänger am Münchner Lehrstuhl, Johannes Ludwig, war ich schon vorinformiert – Rieß kannte sie alle. Als wir von Birgitta Celsing (der Witwe) eingeladen waren, in Drottningholm das Wohnhaus Celsing zu besichtigen, wurden dort die Studenten immer weniger und weniger, denn sie hatten entdeckt, dass Erskine in seinem benachbarten Haus mit einem Zeichenbrett im Gartenhof saß und – ohne mit dem zeichnerischen Entwerfen aufzuhören – alle durch sein Haus strömen ließ.
Rieß war später Assistent bei Gezelius, als dieser an der TU Graz Gastprofessor wurde. Aber auch ein anderer prägender Kopf, Edo Ravnikar, der bedeutendste slowenische Architekt aus Laibach, hatte dort eine Gastrolle übernommen. Der nur in Andeutungen auf byzantinische Art in Rätseln sprechende Ravnikar hatte als Schüler von Josef Plečnik um 1930 auch bei Le Corbusier in Paris die Luft der Moderne, den „l'esprit nouveaux" eingesogen. In diese Nord-Süd-Linie war Hubert Rieß eingespannt und sollte später erreichen, ganz er selbst zu werden. Daß ihm dies gelungen ist, zeigen seine Werke, deren zeitlich letzter Abschnitt hier in diesem Band versammelt ist. Hubert Rieß hat wesentlich dazu beigetragen, dass die gut strukturierte Wohnanlage in Graz-St. Peter, gemeinsam mit Erskine gebaut, in Österreich realisiert werden

From single unit to urban patterns

Friedrich Kurrent Sommerein, June 2006

Hubert Rieß was born shortly after WWII in the Innviertel region, his family were bakers and he grew up with the craft. In 1980 I met him in Stockholm during a northern country excursion when I was a professor in Munich. My assistant, Nikolaus Schuster was our contact person. Schuster is the son of Ferdinand Schuster, an important, though nowadays sometimes forgotten mentor of the Graz scene whom Rieß had studied under. Rieß worked for Ralph Erskine at the time and was friends with Jan Gezelius, whom he introduced us to. Gezelius had just completed the ethnographic museum in Stockholm, which he showed us.
This sums up the two main nordic characters that had a defining influence on Rieß: Gezelius, was the last living master architect in a long succession ranging from Gunnar Asplund and Sigurd Lewerentz to Klas Anshelm and Peter Celsing. Gezelius, the master builder of difficult individual buildings, and Erskine, the assured planner of residential cities. Johannes Ludwig, my predecessor in Munich had informed me about them in advance – Rieß knew them all. When Birgitta Celsing (the widow) invited us to see the Celsing residence in Drottningholm the group of students quickly faded away after noticing that Erskine was sitting in the garden of his neighboring house with his sketchbook and let them all walk through his house – without interrupting his sketching.
Rieß later worked as an assistant for Gezelius when he became a visiting professor at the TU Graz. But another architect who had great influence on Rieß was also a visting professor in Graz at the time, Edo Ravnikar, the major Slovenian architect from Ljubljana. Ravnikar, who only spoke in Byzantine riddles had breathed the air of modernism, l'esprit nouveaux, surrounding Le Corbusier in 1930 in Paris, when he was a student of Josef Plečnik. Rieß caught in between this north-south axis and was destined to become himself later on. His work, the last segment of which is compiled in this volume, shows that he managed to do so. Hubert Rieß played a major role in making the well-structured residential project in Graz-St. Peter he built with Erskine, an Austrian reality. Many houses, house groups and residential projects in Austria and Bavaria (Waldkraiburg, Schweinfurt, Schwabach, made possible by the innovative ministerial advisor Nußberger) bear testament to tenacious pursuit of

konnte. Viele Wohnhäuser, Hausgruppen, Wohnanlagen in Österreich und im benachbarten Bayern (Waldkraiburg, Schweinfurt, Schwabach, ermöglicht durch den innovativen Ministerialrat Nußberger) legen Zeugnis ab von der hartnäckigen Verfolgung einmal erkannter Grundsätze, den Wohnbau und dessen Folgeeinrichtungen mit den Möglichkeiten des modernen Holzhausbaus zu verbinden. Diese Möglichkeit hat Rieß ständig weiterentwickelt, hat geholfen, handwerklich fundierte Zimmereien zu leistungsfähigen industriellen Betrieben umzuformen, so dass die Vorfertigung großer Raumteile im Werk geschieht und nur mehr die zeitsparende Montage auf der Baustelle erfolgt.

Vom Handwerk kommend fand Hubert Rieß den Weg zur Poesie der Technik. Als wir Mitte der Fünfzigerjahre mit Konrad Wachsmann an der Salzburger Sommerakademie Probleme der Produktion von Bauteilen, der modularen Koordination, des Fügens und Verbindens wälzten, da hatte der Poelzig-Schüler Wachsmann in den Zwanzigerjahren seine Lehrzeit in der deutschen Holzhausfabrik Christoph & Unmack (etwa mit dem Einstein-Haus) und sein Gesellenstück „General Panel Corporation" in den USA der Vierzigerjahre (mit Walter Gropius), präfabrizierte Holz-Wohnhäuser auf Plattenbasis längst hinter sich und ahnte eine Kunst des Bauens voraus, die auch in unserer Zeit möglich sein müsse und für die er uns begeisterte.

Hubert Rieß geht mit seinen Modulen einen sehr konsequenten Weg und läßt sich dabei von kurzfristigen Architekturmoden nicht beirren. Ein derartiges Modul mit Boden, Wand und Decke entspricht doch genau der Theorie in Gottfried Sempers Kapitel über die Tektonik, über die Zimmerei. Hubert Rieß sieht sein „Raum-Zimmer" nicht als Einzelstück, sondern als einen „Stadtbaustein" in Verbindung mit den „Zwischen-Räumen" für das soziale Leben. Vor zwei Jahren hielten wir beide auf Einladung von Hermann Kaufmann hintereinander Holzbau-Vorträge an der TU München. Nach mitternächtlicher Trennung in fröhlicher Runde kam für Rieß die Katastrophe: Als ich in meinem Gastquartier ankam, hatte ich einen langärmeligen Burberry und Hubert Rieß vermutlich einen kurzärmeligen, immerhin mit einer Wiener U-Bahn-Karte in der Tasche. Im langärmeligen waren eine Geldtasche, Bankkarte, Führerschein und Autoschlüssel. Eine spannende Verwechslungsgeschichte nahm ihren Lauf, wobei der Münchner Polizeiwachtmeister Schlammerl hilfreich war. Am nächsten Vormittag trafen wir uns in der Pinakothek der Moderne und beide Mäntel fanden ihren Herrn.

guiding principles and their application to residential projects with their facilities and the possibilities of modern wood building construction. Rieß continuously developed these possibilities, he helped the traditional craftsmanship of carpentry shops evolve into high-performance industrial companies that allow for the prefabrication of large room components at the factory and short assembly times at the construction site.

Hubert Rieß treaded the path from craftsmanship to the poetry of technology. We were discussing component production, modular coordination and linking and joining problems with Konrad Wachsmann in the mid-1950s at the Salzburg Summer Academy. Wachsmann, the Poelzig pupil, who had long since completed his training years at Christoph & Unmack, the German wood house factory (with buildings such as the Einstein house) and had finished his journey-man years with the founding of the General Panel Corporation in the USA (with Walter Gropius). He had left slabbased, prefabricated wood houses behind long ago and could sense the coming of an art of construction that would be possible in our time which caught our imaginations.

Hubert Rieß follows a very stringent path with his modules and is not led astray by short-lived architectural fashions. Such a module, with a floor, wall and ceiling is exactly what Gottfried Semper described in theory in his chapter on tectonics and carpentry. Hubert Rieß sees his 'space-room' as a 'city building block,' with connecting 'spaces,' for social life, not as an individual room. Two years ago Hermann Kaufmann invited both of us to give back-to-back lectures on wood construction at the TU Munich. Disaster struck for Rieß sometime after midnight, when we had already parted after a merry evening: when I arrived in my quarters, I had a long-sleeved Burberry coat and Hubert Rieß probably had a short-sleeved one, with a Viennese subway ticket in its pocket. The long-sleeved coat contained a wallet, bank card, driver's license and car keys. An exciting story of confusion followed in which a Munich police inspector named Schlammerl came to our aid. We met at the pinacotheca of modernism the next day and both coats were returned to their owners.

Wendepunkte im Holzbau

Hubert Rieß im Gespräch mit Otto Kapfinger, Ulrich Wieler

Hubert Rieß, sie zählen in Mitteleuropa zu den Pionieren des modernen Wohn- und Siedlungsbaus mit Holzkonstruktionen. In Bayern, in der Steiermark konnten Sie in den 1980er und 90er Jahren vielbeachtete Bauvorhaben realisieren. Seit einigen Jahren haben Sie den Ansatz dieser früheren Werke hinter sich gelassen und propagieren eine Wende in der Vorfertigung von Holzbauten. In den neuen Projekten ist der Grad der Vorfabrikation ganz entschieden erhöht. Sie planen nun mit bis zu 50 m² großen Raummodulen, die an der Baustelle zu komplexen, mehrgeschossigen Clustern montiert werden können. Was hat diese Wende von den flächigen Elementen zu den Raummodulen ausgelöst und was erwarten Sie sich davon?

Zu allererst habe ich mir dadurch eine Entspannung der Kostenfrage erwartet, die ja generell den Holzbau erschwert. Durch die höhere Vorfertigung verlagert sich die Produktion in die Halle, und das bringt wesentlich mehr Qualität für das Produkt selbst – natürlich auch für den Arbeitsplatz. Kürzere Bauzeiten, weniger Bauverkehr, geringe Störungen durch den Baubetrieb sind zusätzliche Aspekte, die auf der Hand liegen; aktuell von Bedeutung ist die Verringerung der Feinstaubbelastung, ganz abgesehen vom Konvolut der ökologischen Themen, der Nachhaltigkeit, der Materialflüsse etc.

1998/99 kam in Österreich mit dem Kreuzlagenholz KLH ein Werkstoff auf den Markt, der konstruktiv und auch in vielen anderen Aspekten neue Dimensionen erschließt, der für das Stapeln und Kombinieren von großen Raummodulen offenbar prädestiniert ist. Wie sind Sie auf diesen Werkstoff gestoßen, was waren die Parameter, die Perspektiven, die Sie gerade an diesem Material fasziniert haben?

Ich hatte gerade die ersten mehrgeschossigen Wohnbauten fertig, bei denen ich die steirischen Anbieter zu Investitionen in den Tafelbau mit eigenen Tafelstraßen motiviert hatte, als dieses Plattenmaterial – das ich schon zuvor in Bayern kennengelernt hatte – in der Steiermark als KLH-Kreuzlagenholz auftauchte. In der Entwicklung der Wiener Bauordnungsnovelle reagierte man damals sehr sensibel auf mögliche Schwelbrände bei Riegelkonstruktionen, und so habe ich für die Wohnanlage Spöttlgasse die KLH-Bauweise vorgeschlagen. Der Vorteil, der sich bald herausstellte, war der, dass es mit diesem Material einen hochwertigen Rohbau gibt, der dann mit den entsprechenden Dämmmaterialien komplettiert wird, um den diversen Ansprüchen zu genügen. Und es hat sich gezeigt, dass die Rohbaustruktur aus massivem Holz immer der schönste, der eindrucksvollste Status des Gebäudes war. Seither verfolgt mich die Vorstellung, Häuser aus solchen rohen, massiven Platten zu machen – ohne jegliche Verkleidung innen und außen, einfach „brut" und unmittelbar.

Ein weiterer Aspekt war, dass es mit KLH möglich wurde, auf Folien zu verzichten, die ansonsten den Tafelbau immer kompliziert und anfällig machen und überdies die Dämm- und Konstruktionsebene vermischen. Diese massiven Platten können als Scheiben ohne zusätzliche Verstärkungen drei Meter auskragen, können große Spannweiten überbrücken, und das bietet natürlich Möglichkeiten und Vorteile, welche die Tafelelemente zunächst eben nicht schaffen, ganz abgesehen von der Massivität des KLH-Holzes, das mit seinem Raumgewicht sowohl die Dämmwerte als auch die Speicherwerte optimal erfüllt.

Im vergangenen Jahrhundert gab es viele Ideen, die Vorfertigung

Turning Points in Wood Construction

Hubert Rieß in conversation with Otto Kapfinger, Ulrich Wieler

Hubert Rieß, you are among the pioneers of modern wood residential buildings and projects in Central Europe. You were able to complete a number of remarkable construction projects in Bavaria and Styria during the 1980s and 90s. You abandoned the approach you took on these early projects over the last few years and now propagate a turning point in the prefabrication of wood buildings. The degree of prefabrication is definitely higher in your new projects. You now plan room modules up to 50 m² large that can be assembled as complex, multilevel clusters on site. What triggered this move from large-surface elements to room modules and what do you expect from it?

First of all, I expected a relaxation in terms of the cost concerns which generally make wood construction more difficult. The higher degree of prefabrication leads to more in-house production at the manufacturer, and that leads to much higher quality for the product itself – and naturally for the workplace. Shorter construction times, less construction-related traffic and disturbances are other obvious aspects. The reduction of fine dust hazards is a current concern, not to mention the convolution of ecological subjects, sustainability, the flow of materials, etc.

KLH-engineered wood cross-laminated timber boards became available in Austria in 1998/99. This material, which introduced new constructive dimensions and changed many other aspects, is predestined for the stacking and combining of large room modules. How did you come upon this material, what were the parameters, perspectives that fascinated you about this material?

I had just finished my first multilevel residential buildings for which I had motivated Styrian suppliers to invest in large panel production with their own panel assembly lines when this panel material – which I had become familiar with in Bavaria – appeared in Styria as KLH-engineered wood. Those responsible for amendments to the Viennese building code were very sensitive to the possibility of smoldering fires in framework constructions at the time, so I suggested the use of KLH construction technology for the Spöttlgasse residential project. The advantage that soon emerged was the high-quality raw construction possible with this material which can then be completed with the corresponding insulation materials to meet the various requirements. And the solid wood raw construction structure has proven to always be the most beautiful, most impressive status of the building. The idea of constructing buildings with such raw, solid panels – without any type of interior or exterior cladding, simple 'brut' and immediate structures, has captivated my imagination ever since.

The fact that KLH made it possible to work without sheets, which always make panel construction complicated as well as susceptible to damage, and mix the insulation and construction levels, was another aspect. These solid slabs can project three meters as disks without additional reinforcements. They can span large distances, and that offers possibilities and advantages, which other panels can't offer. Not to mention the solidity of KLH wood, it ideally fulfills insulation and storage requirements with its unit weight.

Many ideas were conceived in the last century that aimed to develop prefabrication in construction in a manner analogous to other industry sectors. Large elements, entire room modules were supposed to mainly rationalize residential construction and offer higher standards at lower prices. Architects tried time and again to advance this subject and find partners in the business sector for such

im Bauwesen analog zu anderen Industriezweigen zu forcieren, um mit großen Elementen, mit ganzen Raum-Modulen vor allem den Wohnungsbau zu rationalisieren, höhere Standards zu niedrigeren Kosten anzubieten. Immer wieder haben Architekten versucht, dieses Thema voranzutreiben, in der Wirtschaft Partner für solche Konzepte zu finden oder auch die Dinge selbst in die Hand zu nehmen. Zu den bekanntesten Beispielen zählen die Fertighäuser von Walter Gropius und Konrad Wachsmann, entwickelt in den USA in den späten 1940er Jahren; in den 1960er Jahren gab es viele visionäre Entwürfe in dieser Richtung – von den sogenannten „Metabolisten" in Japan zur Gruppe Archigram in England; weltweit bekannt wurde das „Habitat" von Moshe Safdie auf der Expo in Montréal; das reifste Stadium erreichte vermutlich der Schweizer Architekt und Bauunternehmer Fritz Stucky, dessen modularer Beton-Baukasten in vielen Ländern zur Anwendung kam – bei Mehrfamilienhäusern, Schulbauten und gewerblichen Anlagen. Alle diese Unternehmen verliefen letztlich im Sand, auch Stucky hat seine Produktion längst geschlossen. Gibt es dafür eine Begründung, und was ist bei Ihrem Ansatz nun anders, sodass eine größere Erfolgschance besteht?

Anders ist, dass in Form von Brettsperrholz ein Plattenmaterial zur Verfügung steht, dass sich optimal zum Bau von Raumzellen eignet, das ökologischen Ansprüchen genügt, ein optimales Raumklima bietet, relativ leicht ist, elegante Leitungsführungen zulässt und bis zu fünf Geschosse hoch und mehr (je nach regionaler Bauordnung) gestapelt werden kann – und nicht zuletzt auch bauphysikalisch den massiven Baustoffen überlegen ist. Um Module aus Holz zu bauen, sind auch nicht die Investitionen in dem Ausmaß notwendig, die Fritz Stuckys Produktion belastet und letztlich unrentabel gemacht haben. Das hat sich schon beim ersten Projekt des Impulszentrums Graz gezeigt, wo lediglich eine große Halle mit einem Kran mit mehr als 10 Tonnen Tragkraft notwendig war, um die Module zu produzieren.

Dem gesättigten Markt in unseren Ländern eröffnen sich Exportchancen vor allem in den Osten und weltweit in Schwellenländer: dort gibt es ähnlich wie hier nach dem Zweiten Weltkrieg kein entwickeltes Bauwesen, andererseits einen enormen Bedarf an Typenbauten wie Schulen, Heime, Wohnungen, Krankenhäuser und Bauten für die Verwaltung, die wahrscheinlich nicht so individualistisch wie bei uns realisiert werden. Ein eigenes, unterschätztes Thema bilden die temporären Einsatzfelder für die enormen Flüchtlingsströme, die viele Millionen von Menschen betreffen, für die entsprechend konzipierte Holzmodule eine Unterkunft sein könnten. Voraussetzung ist natürlich, auf unserem „Heimmarkt" die Serien und Typenvielfalt zur Reife zu bringen.

Als Vorbehalt gegen die Modulbauweise kommt oft das Argument, sie benötige zum Transport und zum Handling bei der Montage eine letztlich überbestimmte, komplexe Statik; es sei zuviel Aufwand und wäre nur dort sinnvoll, wo extrem kurze Bauzeiten gegeben seien, etwa bei Hotels, Schulen oder in hochalpinen Lagen.

Dieses Argument betrifft nur konventionelle Riegel-Konstruktionen. Mit den KLH-Platten haben wir aber ein Material, das die Module von vornherein allseitig steif macht. Nur dort, wo man – wie es beim Impulszentrum Graz war – die Längsseiten ganz öffnet, um große Raumeinheiten zu schaffen, sind für den Transport leichte, einfachste Aussteifungen nötig. Transport und Montage sind sicher die schwierigsten Lastfälle. Aber mit dem KLH-Werkstoff ist dazu eben keine eigene Statik nötig! Und wegen des Eigengewichts – rund 10 Tonnen für ein großes Modul – ist auch das standsichere

concepts or they tried to handle things themselves. Some of the most well-known examples are the prefabricated houses built by Walter Gropius and Konrad Wachsmann, which were developed in the USA in the late 1940s. There were a number of visionary designs in this direction in the 1960s – the so-called 'Metabolists' in Japan, or the Archigram group in England. The 'Habitat' designed by Moshe Safdie for the Expo in Montreal was another example. The perhaps most mature level of design was achieved the Swiss architect and construction entrepreneur Fritz Stucky, whose modular concrete construction kits were used in many countries – for multifamily housing, school buildings and commercial facilities. But all of these endeavors ultimately ran aground, and even Fritz Stucky closed his production long ago. Is there a reason, and what makes your approach different enough to give it a better chance of succeeding?

The difference is that, as a material, laminated plywood is ideal for the construction of room cells. It meets ecological requirements, offers ideal room climate, it is relatively light and allows for elegant power and heat line distribution. It can be stacked to five levels and more (depending on the regional building code) and is superior to solid construction materials in terms of structural physics. Building wood modules also doesn't require the degree of investment that hampered Fritz Stucky's production and ultimately made it unprofitable. This was evident in the very first Graz Impulse Center project, for which a single large hall with a crane capable of handling loads weighing up to ten tons was necessary to produce the modules.

The saturated market in our countries has lead us to focus on export markets, especially in the east and in emerging markets worldwide: the situation there is similar to ours after WWII, there is no developed construction industry, although there is an enormous demand for standard buildings such as schools, dormitories/homes, apartments, hospitals and administration buildings, which can probably not be built with the same degree of uniqueness as here. The huge refugee movements that affect millions of people are a separate underestimated issue which requires temporary solutions. With the corresponding conception, wood modules could provide shelter for these people, but of course it is necessary to develop possible solutions and variations in our 'home market' first.

One of the oft-cited reservations against modular construction is that they ultimately require overly specific and complex statics for transportation and assembly handling; it is considered too complex and only useful if construction times are extremely short, for hotels, schools or in high-alpine regions, for example.

This argument only affects conventional block constructions. KLH panels give us a material that makes modules rigid on all sides from the beginning. Light and simple reinforcements are only necessary when the longitudinal sides are opened entirely to create large room units – which was the case at the Graz Impulse Center. Transportation and assembly are definitely the most difficult payload cases. But no individual statics calculations are necessary with KLH materials! With its dead weight – around 10 tons for a large module – stacking is no problem. Triple-level residential blocks, which the KLH Murau plant built for the 2006 winter games in Turin, prove that all of this can be completed easily and economically. However, those modules did not have tiled wet rooms. We are currently testing for a new project to see whether prefabricated tiled modules can be transported and assembled without cracks.

Based on your training and first projects you come from the 'Graz

Stapeln dann kein Problem. Die dreigeschossigen Wohnblöcke, die KLH-Murau selbst für die Olympischen Winterspiele 2006 in Turin mit Modulen errichtete, bewiesen, dass all das einfach und ökonomisch machbar ist. Allerdings enthielten diese Module noch keine Verfliesungen der Nasszellen. Wir testen gerade an einem neuen Projekt, ob auch vorgefertigt verfliste Module rissfrei transportiert und montiert werden lönnen.

Sie kommen von Ihrer Ausbildung her und mit ersten Aufträgen aus der in den 1970er und 80er Jahren international stark beachteten „Grazer Szene" der Baukunst. Als einziger aus dieser expressiven „Grazer Schule" der erste und zweite Generation haben Sie den Weg der strukturellen Entwicklung von Holzbaukonzepten eingeschlagen und sehr konsequent verfolgt – vor allem für den geförderten Wohnungsbau. Was hat diese spezielle Haltung begründet, was ist sozusagen die „Ideologie", das grundsätzliche Motiv Ihrer Architekturkonzeption?

Schließlich bin ich an der TU Graz noch auf Lehrer gestoßen, für die ein struktureller Ansatz im Zentrum ihrer Arbeit stand, wenn ich etwa an Ferdinand Schuster denke, der ja auch sehr von Christian Norberg-Schulz, „Logik der Baukunst" geprägt war. Entscheidend für mich war aber, dass ich als Student auf das Werk von Ralph Erskine gestoßen bin, wobei mich da besonders die „Zwischenräumlichkeit, die Raumqualität zwischen den Siedlungshäusern" fasziniert hat. Erst Jahre später, als ich es geschafft hatte, in seinem Büro mitzuarbeiten, habe ich erlebt, wie stark seine Arbeit von den in Schweden obligatorischen, sehr fixierten, strukturellen Ansätzen ausging – ohne dass er dies als formales Resultat „stehen" gelassen hätte; da gab es bei ihm schon noch einige Schichten der gestalterischen Feinarbeit, die dann seine Architektur zugänglich für breite Nutzerkreise machte, aber auch für Architekten ungewöhnlich und interessant – das war ja das Phänomen. Der Großteil des so genannten schwedischen Millionenprogramms war oft nur nacktes Ergebnis strukturell-industrieller Kriterien, und dieser Schematismus war später – wie auch in anderen Ländern – Gegenstand heftiger Kritik. Seit dieser Erfahrung mit Erskine kann ich mir den Weg „Von der Box zum Blob und wieder zurück", um einen Titel der Zeitschrift „Arch⁺" zu strapazieren, offensichtlich abkürzen bzw. ersparen, um zunächst bei der Box zu bleiben. Das was mich fasziniert hat, war der „Zwischenraum" auch bei weitgehend industriell gefertigten Projekten, und diese zusätzliche, ganz wesentliche Raumqualität – die ist gleichsam weich, sie kostet nichts, da kann mit geringstem Aufwand viel gesagt, viel angeboten werden –, und genau das habe ich bei Erskine gesehen und gelernt.

Im Kontrast zu vielen heute dominierenden Baukünstlern behandeln Sie ganz offensichtlich das bauliche Objekt nicht als ein autonomes, ästhetisches Ereignis. Die Architektur ist nicht primär das sichtbare, fotografierbare Ding, Architektur ist vielmehr das gesamte Milieu eines Quartiers: Auf den durch Bauen geschaffenen „Bühnen" ereignet sich in der Interpretation vorbereiteter Potenziale das alltägliche Kunstwerk des Lebens. Können Sie diese Berufseinstellung ausführlicher kommentieren?

Das ist eigentlich schon der so genannte „soziale Raum", wo ich selbst aufgewachsen bin, wo ich mich herumgetrieben habe, den auch meine entscheidenden Lehrer wie Josef Klose, in den Mittelpunkt der Lehre stellten – neben der simplen Qualität des Grundrisses –, der über das so genannte Funktionelle weit hinausgeht und besonders an den anonymen Bau- und Raumstrukturen zu sehen und zu studieren ist. Relativ spät habe ich unter dem

Scene,' which received great international recognition during the 1970s and 80s. You were the only one who pursued the structural development of wood construction concepts, especially for subsidized residential projects, with great tenacity among the members of the first and second generation of this expressive 'Graz School.' What was the specific reason for this attitude, what was the 'ideology,' so to speak, the guiding motivation for your conception of architecture?

After all, I met upon teachers at the TU Graz who stood for a structural approach as the central focus of their work, I am thinking of Ferdinand Schuster, who was strongly influenced by Christian Norberg-Schulz's 'Logik der Baukunst' (The Logic of Building Art). But it was decisive that I came in contact with the work of Ralph Erskine as a student, I was particularly fascinated by the 'spaces in between, the spatial quality between development buildings.' Only years later, when I had managed to become a member of his staff, did I come to see the great influence the mandatory, very fixed structural approaches that are the norm in Sweden had on this work. Not that he merely let such things 'stand' as a formal result, he still added a few layers of finer design points. These made his architecture more accessible to wider user groups, while also making it unusual and interesting for architects – that was the phenomenon. The larger part of the Swedish Million Program was often just the bare result of structural-industrial criteria, and this schematic approach was later the object of great criticism – also in other countries. After my experience with Erskine, I didn't need to tread the path 'Von der Box zum Blob und wieder zurück' (from the box to the blob and back again), to beat on the title of Arch⁺ architecture magazine. I obviously took a short-cut and saved time by sticking to the box for the time being. What fascinated me was the 'space in between' even in projects which were mostly completed on an industrial scale. The additional, very essential spatial quality, which is soft and doesn't cost anything says and offers a lot – that is what I saw and learned under Erskine.

In contrast to many dominant building craftsmen today you obviously do not treat the construction of an object as an autonomous, aesthetic event. Architecture isn't primarily a visible thing that can be photographed. Architecture is much rather the entire milieu of an area in which the prepared potentials of life as a daily work of art occur. Can you comment further on this approach to your work?

That is actually the so-called 'social space,' in which I also grew up and moved around. The teachers who were decisive in my training, such as Josef Klose, also made this the central focus of their teaching – next to the simple quality of the ground plan. It goes far beyond what is called functional and it can be seen and studied in anonymous construction and room structures. I only gave this issue the necessary attention later, under the influence of Jan Gezelius, but I always saw it as a part of the larger, more complex concept of an entire milieu. My thesis was encouraged by Edo Ravnikar. It discussed the streams, creeks and the Mur River in Graz and occupied me for years. The milieu – or in modern terms: environmental planning, is my primary concern, and I was influenced by the places of my youth – easily understood small, rural situations in which social cycles were spatially clear, transparent and verifiable. The work of Heinrich Tessenow made this particularly clear to me – and also created the nexus to Scandinavia.

You lived and worked in the center of 'Waldorf Pedagogics' in Sweden. These activities extended far beyond the anthroposophy known in Central Europe, in other words: this attitude toward

Einfluss von Jan Gezelius und vor allem bei den Produktionsabläufen der Holzhäuser dem konkreten Objekt doch viel mehr die notwendige Aufmerksamkeit gewidmet, aber immer eingebunden in die größere, komplexere Vorstellung eines Gesamtmilieus. Meine Diplomarbeit, angeregt von Edo Ravnikar, hat sich mit den Mühlgängen, den Bächen und der Mur in Graz befasst und mich jahrelang in Beschlag genommen. Das Milieu – moderner gesagt: die Umweltplanung – ist das, was mir primär am Herzen liegt, und da bin ich auch von den Orten meiner Kindheit – überschaubaren kleinstädtischen, ländlichen Situationen – geprägt, in denen auch die sozialen Abläufe raumgestaltend, transparent und nachvollziehbar waren. Das hat mir später die Arbeit von Heinrich Tessenow besonders nahe gebracht – und auch die Brücke nach Skandinavien hergestellt.

In Schweden haben Sie im Zentrum der so genannten „Waldorf-Pädagogik" gelebt und gearbeitet. Über die in Mitteleuropa bekannte Anthroposophie gingen diese Aktivitäten weit hinaus. Kann man es so sagen: In dieser Lebensauffassung steht nicht die Autonomie von Personen, von Dingen oder Ereignissen im Zentrum, sondern ihre Relationalität. Beispielsweise im Umgang mit Farben, wo es eben nie eine absolute und autonome Qualität der Wahrnehmung gibt, sondern immer die durch die Umgebung entscheidend „relativierte", mitmodulierte Ausstrahlung. In dieser Sicht unserer Umwelt herrscht kurz gesagt nicht die Ästhetik der Dinge, der „Terror der Objekte", sondern die Energie der Dinge – also ihr Potenzial für das, was mit den Dingen und zwischen den Dingen gemacht werden kann. Das scheint etwas ganz anderes zu sein, als die bei uns bekannte „Waldorf-Ästhetik"?

Was mich dort beeindruckt hat, war die praktische Umsetzung dieser Geisteshaltung in zahlreiche Lebensbereiche: über Jahrzehnte der Entwicklung und des Entstehens von Järna hinweg – zu den Gründerfamilien der Waldorfschule in Stockholm gehörten auch die Familien Erskine, Gezelius, Asmussen – sind unterschiedlichste Auffassungen von Schulleben praktiziert worden, vor allem auch die Arbeit mit Behinderten, die biologische Abwasserklärung stand im Zentrum der Landschaftsgestaltung, die Bauern der Umgebung wurden für die biologisch-dynamische Landwirtschaft gewonnen, eine Mühle und eine Bäckerei wurden aufgebaut, auch Handwerksbetriebe, eine Gärtnerei, die Küche, die das Seminar versorgt hat, später die Heilkunst und das Krankenhaus – und in allen diesen Arbeitsfeldern steckten praxisbezogene, alltagstaugliche künstlerische Impulse: Es war das Gegenteil von „l'art pour l'art". Das hat mich sehr beeindruckt, selbstverständlich auch die Architektur von Abi Asmussen. Das alles war überschaubar, es war offen für alle, man konnte überall mitarbeiten, und es war überhaupt nicht dogmatisch.

Weitere Facetten Ihrer Arbeit liegen in der Tätigkeit als Universitätslehrer in Weimar seit 1994, aber auch in der Erfahrung mit gesellschaftlichen „Randgruppen", Notsituationen, Flüchtlingslagern: So waren Sie mit Ihren Studenten vor einigen Jahren im Kosovo, haben an Ort und Stelle die Problematik der „Behelfswohnungen" und Wiederaufbauprogramme gesehen und analysiert; Sie haben in Graz über Jahre hinweg Konzepte für die Nachverdichtung der großen „Obdachlosensiedlung" am Grünanger entwickelt und auch umgesetzt. Man könnte sagen, Buckminster Fuller wurde wieder neu interpretiert, der sinngemäß sagte: to safe this planet we must learn to live more and more with less and less. Was sind Erkenntnisse, Resumees aus diesen Erfahrungen, die auch für unseren Wohn- und Städtebau Relevanz haben?

life focuses on relational aspects and not the autonomy of people, things or events. This is the case with colors, for example, there is never an absolute and autonomous quality to perception, it is always a co-modulated view that is decisively 'relativized' by the surroundings. In this perspective, our environment isn't ruled by a 'terror of objects,' but by the energy of things. That seems to be completely different to the 'Waldorf aesthetic' we know.

What impressed me there was the practical realization of this attitude in many segments of life. Järna stood for approaches to school life (the founders of the Stockholm Waldorf school included the families of Erskine, Gezelius and Asmussen) which differed greatly over the decades. There also was a particular focus on working with the disabled. Organic sewage water clear-ing was the central focus of landscaping, the farmers in the area were persuaded to attempt biological dynamic farming, a mill and bakery were built in the surroundings as well as handcraft shops and a garden. The kitchen that supplied the seminary nearby and the house of healing and hospital were also the product of practice-based, artistic impulses that were applicable to everyday life: it was the opposite of 'l'art pour l'art.' That impressed me very much, and naturally the architecture of Abi Asmussen also left a deep impression. Everything was clearly understandable, it was open to all, you could work everywhere and it wasn't at all dogmatic.

Your work as a teacher in Weimar as of 1995 and your experience with social 'fringe groups,' with emergencies as well as refugee camps are other facets of your work: you took students to Kosovo a few years ago to see and analyze the problems of the common 'emergency shelters' and reconstruction programs on-site. You developed and implemented concepts for the densification of the large Grünanger 'homeless project' for years. It could be said that you reinterpreted Buckminster Fuller in a completely new way. He surmised that to save this planet we must learn to live more and more with less and less. What were the insights, what is the rundown of these experiences that are also relevant to us every day in residential and urban construction?

The most important insight was the (late) recognition that durability doesn't have to be bound to one material or the other, it depends on the emotional ties to the entire milieu. That is what the Grünanger, an un-insulated, simple barracks development built in 1942, which people fought to preserve, taught us. They could live the most varied lifestyles without being disturbed by architecture, subsidy regulations, conventions or social control. I developed better densification concepts for our project than the one that was finally realized, which also stumbled over the hurdles of residential subsidies. The greatest weakness is that they lump all wishes and needs together without differentiation.

The German soldiers we flew down to Kosovo with in 2000 had piles of DIN standards in their bags: they were the well-meant but completely misguided medium by which these countries were supposed to be 'connected' to our standards and product systems. My students and I were interested in a completely different approach to construction that can and will emerge 'on the fringes' of our countries, which are growing steadily. It has to be pursued here first before it eventually becomes a reasonable alternative that can be exported to other countries.

To which extent do the norms and residential construction standardize the development of innovative, everyday construction with contemporary industrial means? Which alternatives does modular wood construction offer?

Das wichtigste Resümee war für mich die (späte) Erkenntnis, dass die Dauerhaftigkeit nicht an das eine oder andere Material gebunden ist, sondern von der emotionalen Bindung an das Gesamtmilieu abhängt. Das hat uns der Grünanger, eine ungedämmte, simple Barackensiedlung aus 1942 – um deren Erhalt die Menschen zuletzt gekämpft haben – gelehrt. Dort konnten sie ihre unterschiedlichsten Lebensstile realisieren: unbehelligt von Architektur, von Förderbestimmungen, von Konventionen und sozialer Kontrolle. Für unser Nachverdichtungsprojekt hatte ich bessere Konzepte entwickelt als das letztlich realisierte, das eben auch über die Hürden der Wohnbauförderung gestolpert ist, deren großes Manko ja ist, dass sie alle Wünsche und Bedürfnisse völlig undifferenziert über einen Kamm schert.

Im Gepäck der deutschen „Bau-Soldaten", mit denen wir 2000 in den Kosovo fliegen durften, waren stapelweise DIN-Normen: das gut gemeinte, aber völlig verfehlte Medium, um diese Länder an unsere Standards und Produktsysteme „anzuschließen". Mit den Studenten hat mich ein ganz anderer Weg des Bauens in diesen Ländern interessiert, der sich dann auch daheim, „am Rand" unserer Gesellschaft, der immer breiter wird, auftun kann und wird – und der hier erst eingeschlagen werden muss, um dann eventuell als zumutbare Alternative in diese Länder exportiert werden zu können.

Inwiefern behindern die heute in Österreich, auch in Deutschland oder der Schweiz üblichen Normen und Wohnbau-Standards die Entwicklung eines innovativen, alltäglichen Bauens mit zeitgemäßen industriellen Mitteln? Welche alternativen Qualitäten bietet der modulare Holzbau?

Grundsätzlich sind verbindliche Normen, Baugesetze und Förderrichtlinien die notwendige Voraussetzung für industrielles Bauen. Permanent neu hinzukommende Normen haben hypertrophe, widersprüchliche, unüberschaubare Forderungen in das Bauwesen gebracht und seine Aufsplitterung in zahlreiche Teilbereiche bewirkt und somit den Qualitätsverlust im heutigen Bauwesen entscheidend mit zu verantworten. Die im Wesentlichen nach dem Zweiten Weltkrieg entstandenen Wohnbaumodelle der sozialen Wohlfahrtsstaaten – führend war zweifellos Schweden – sind heute zu einem unüberwindlichen Korsett geworden, das in vieler Hinsicht den Zielgruppen und Nutzern nicht mehr gerecht wird. Ein Beleg ist unser Projekt mit der Caritas – wo es wirklich um den sozialen Wohnbau geht und das nur auf der Basis großzügigen politischen Entgegenkommens verwirklichbar scheint. Das Bauen mit Holz oder Holzmodulen hat selbstverständlich dem gleichen Anforderungskatalog zu entsprechen. Nachdem der Brandschutz nicht mehr ernsthaft als Haupteinwand gegen Holzbau angeführt werden kann, kommen jetzt Themen der Umweltbelastung, der Ökologie, der Materialströme stärker zum Tragen, die erst seit kurzem endlich auch bewertet und entsprechend bei den Förderungen berücksichtigt werden. Damit ist natürlich dem Holz eine größere Chance im Bauwesen eröffnet, um wirklich konkurrenzfähig mit den etablierten Bauweisen zu werden. Der Modulbau würde – neben den schon erwähnten Vorteilen – die Verkehrsbelastung der Städte noch wesentlich verringern. Entsprechende Initiativen in Wien unter dem Titel „RUMBA" forcieren diesen Aspekt bereits. Doch es wird bei weitem nicht konsequent genug exekutiert, so dass wir etwa auch für das Projekt Mühlweg den anfangs konzipierten Modulbau wieder aufgeben mussten. Die Entwicklung der Klimasituation, die Lärmproblematik und die aktuelle Feinstaubdiskussion werden nach meiner Einschätzung

Basically, binding norms, building laws and subsidy guidelines are necessary prerequisites for industrial construction. The continuous flow of new norms has given way to hypertrophic, contradictory, unmanageable requirements in construction that have led to a split into a number of different fields resulting in a loss of quality in construction today. The residential project models that were mainly developed after WWII in social welfare states – Sweden was undoubtedly the leader – have become insurmountable hindrances which don't address the needs of the target groups and users in many respects anymore. One example of this is our project in cooperation with Caritas – which is really about social residential projects and only seems possible with the generous understanding of political powers.

Of course wood construction has to comply with the same catalog of requirements. Now that fire protection isn't a source of serious reservations against wood construction anymore, subjects such as environmental burdens, ecology, material flow are being emphasized, they are finally being assessed and given the corresponding attention in subsidy decisions. This naturally gives wood better chances of becoming competitive compared to established construction methods. Modular construction would – aside from the advantages already mentioned – considerably reduce the strain on urban traffic. Corresponding initiatives in Vienna under the name of 'RUMBA' are already focusing on this aspect. But they aren't being executed with enough diligence, which is why we had to abandon the originally conceived modular construction for the Mühlweg project, for example.

The development of the climate situation, the noise problems and the current fine dust discussion will be especially influential in creating new opportunities for wood construction and for modular construction in particular in my opinion. Material research based on wood and systems such as clustering, which preoccupy me absolutely make this construction material a central issue at the beginning of the 21st century.

KLH-engineered wood for the first time makes it possible to design a modern, ecologically sustainable, spatially high-quality building with an isotropic material without using cladding or other additional features. Isn't that almost comparable with that historical situation in which reinforced concrete suddenly made it possible to construct buildings free of the traditional tectonics and achieve the 'pure, true' aesthetics of 'monolithic' construction at the same time – because one (erroneously) thought modern cement, poured stone solved all other construction problems (sound, heat, cold, durability …)?

Of course laminated plywood – especially in these dimensions, i.e., so thick that it can be used without additional planking – tempts us to reembrace the utopian idea of pure monolithic construction and thoroughly re-develop architecture based on the manifold potentials of this material. We just saw a weathered, eight-layer wall component outside, it had the visual appearance of the finest stone, compact and iridescently silver gray – like young Lippizaners! Cultivating that will be the main theme of my work and teaching over the next few years, concurrence will be of central importance as well. I don't know of any building that makes full use of the possibilities and qualities of this material.

The 'city building block' issue logically leads to larger contexts: generally, architects primarily think in terms of buildings, objects, the civilized habitat. However, our Lebensraum primarily works on the basis of infrastructure potentials: water, energy, heat, cooling,

dem Holzbau und speziell dem Modulbau neue Chancen eröffnen – auch die Materialforschung auf der Basis des Holzes sowie die Systeme der „Clusterung", die mich beschäftigen – rücken diesen Baustoff absolut ins Zentrum der anstehenden Themen des 21. Jahrhunderts.

Das Kreuzlagenholz gibt erstmals wieder die Möglichkeit, mit einem isotropen Werkstoff ohne Verkleidung oder andere Zusätze räumlich hochwertig, ökologisch nachhaltig und modern zu gestalten. Ist das nicht fast vergleichbar jener historischen Situation, als es mit dem armierten Beton plötzlich möglich wurde, befreit von der traditionellen Tektonik zu konstruieren und zugleich eine „pure, wahrhaftige" Ästhetik des „monolithischen" Bauens zu erreichen – weil man damals (irrtümlich) meinte, mit dem modernen Beton, dem gegossenen Stein, auch alle anderen Bauprobleme (Schall, Wärme, Kälte, Dauerhaftigkeit...) gelöst zu haben?

Natürlich reizt dieses Brettsperrholz – noch dazu in diesen Dimensionen, so dick nämlich, dass es ohne zusätzliche Beplanungen verwendet werden kann –, um die Utopie des puren, monolithischen Bauens wieder aufzugreifen und Architektur konsequent aus den vielfältigen Potenzialen dieses Materials heraus zu entwickeln. Wir haben doch gerade im KLH-Werk ein solches, schon verwittertes Wandstück aus acht Holzlagen im Freien gesehen, es hatte die optische Anmutung von feinstem Stein, so kompakt und changierend silbergrau – wie die jungen Lippizaner! Das zu kultivieren wird in nächster Zeit sowohl im Büro als auch in der Lehre mein Thema sein, wobei der Fügung ein ganz zentraler Stellenwert zukommt. Noch kenne ich keinen Bau, der ganz aus den Möglichkeiten und Qualitäten dieses Materials konzipiert ist.

Das Thema „Stadtbaustein" führt logisch weiter in größere Zusammenhänge: Architekten denken gewöhnlich primär in Bauten, in Objekten; das zivilisierte Habitat – unser Lebensraum – funktioniert jedoch primär aus den Potenzialen der Infrastruktur: Versorgung mit Wasser, mit Energie, Wärme, Kälte, Elektrizität, Entsorgung von Müll; Strukturen für Bewegung, Verkehr, Straßen usw. Ein ganzheitlicher Ansatz für zeitgemäße, industriell gefertigte Architektur müsste den heute in der Architekturszene herrschenden Drang zum eindrucksvollen „Unikat" überwinden, um die Synergien zu all diesen anderen Disziplinen der Umweltplanung und -versorgung herzustellen. Sehen Sie in Ihrer Arbeit, in Ihren Projekten Perspektiven in dieser Richtung?

Beim Projekt Grünanger, das die Arbeit mit Modulen eigentlich ausgelöst hat, lag die Disposition der Ver- und Entsorgungssysteme ganz im Zentrum – im doppelten Sinne des Wortes – der Schnittkonzeption. Den künftigen Bewohnern konnte die Steuerung und das Service der Haustechnik nicht zugemutet werden, die Versorgungsgesellschaften wollten einfachste Zugänglichkeit zu den einzelnen Versorgungssträngen, und mir war wichtig, die Holzmodule weitgehend frei von Installationen zu halten. Daraus entstand der „Urschnitt", das Konzept, die Wohnungen um einen massiven, begehbaren Leitungskollektor herumzubauen, mit den Nassräumen direkt an diesem Kollektor. Modifiziert zieht sich dieses Prinzip durch die meisten Schnittdispositionen meiner aktuellen Projekte: die zugängliche Konzentration der Versorgungsstränge, und das Haus dann herumgebaut. Die Haustechnik als das kurzlebigste Subsystem des Hauses muss problemlos zugänglich und austauschbar sein.

Der relevanteste Beitrag der Architekten zur Umweltplanung ist die planerische Beschäftigung mit der Stadt: Ein attraktives, lebenswertes Stadtmodell vermindert den Druck auf die Land-

electricity supplies, or waste disposal, movement structures, traffic, streets, and so on. A thorough approach to contemporary, industrially assembled architecture would have to surmount the desire for the 'unique' in today's architecture to create synergies between all of these environmental planning disciplines. Does your work, do your projects offer perspectives in this direction?

The disposition of supply and removal systems were at the center – in both senses of the word – of the cross section concept in the Grünanger project, which actually triggered my work with modules. The future tenants couldn't be expected to steer and maintain the building technology themselves. Making the supply/removal lines as easily accessible as possible was important to those responsible, and it was important to me keep the modules as free of installations as possible. This led to the 'master' section, the concept of building the apartments around one solid accessible line collector with the wet rooms set directly next to this collector. A modified version of this principle is used in most of my current projects: first comes an accessible concentration of supply lines, then the house is built around it. As the subsystem with the shortest life span, building technology has to be easily accessible and exchangeable. The most relevant contribution architects have made to environmental planning is their planning efforts for cities: an attractive, worthwhile city model reduces the pressure on the landscape, prevents rambling settlements and all the known related problems. Increased wood construction is already a contribution to environmental planning; modular construction would reinforce the positive effects, maybe even exponentially. The 'city building block' I developed for varying uses in the 'belly' along street walls, on the roof, underground, or over public transportation routes would be a realistic utopian approach to the generation of a pragmatic city shape defined by a mixture of uses, densities and current materials.

Back to the beginnings once again: You always mention childhood experiences, playing in or under the wood stacks at the sawmill – you call them 'city models, wooden city dreams.' Your office is in the 'backyard' of a building in the old part of downtown Graz. It is a two-level building with huge wood structures and roof beams, the meeting area is a large table under the roof of a 'pavilion' that opens towards a courtyard under the shadow of large trees. It has a fascinating simplicity and matter-of-factness, it seems as if a Tessenow building or a Japanese pavilion had come to life in a completely unspectacular, everyday Central European setting. What is the message of such a situation?

This situation in the middle of the city surprises many of our visitors, but it is actually the usual turn-of-the-century model with a street building, courtyard, back house in the corresponding density resulting from a mid-level investment by the standards of the time. Living, work and recreation are bought together in one place – it is the simplest form of construction: three materials, bricks, wood, steel, it consists of visible, not minimized constructions with generous heights, large surfaces and appropriate openings. The strength of this situation comes from the space, the energetic qualities of the milieu's design, not from engineered amenity. I don't know how old I will have to become before I can realize the daily experience of this wonderful 'old' situation in a model for our new times and transform the reality of this experience into a model with potential for the future as an example of construction beyond the respective modern, short-lived formal experiments.

schaft, verhindert die Zersiedelung und alle bekannten, damit zusammenhängenden Probleme. Das forcierte Bauen mit Holz ist an sich schon ein Beitrag zur Umweltgestaltung, das Bauen mit Modulen würde die positiven Effekte noch entscheidend verstärken, ja potenzieren.

Der von mir entwickelte „Stadtbaustein" mit den verschiedenen Nutzungen im „Bauch", an den Straßenwänden, auf dem Dach, im Souterrain, über den Trassen des öffentlichen Verkehrs – das wäre ein wirklich echter, realutopischer Ansatz, um durch Nutzungsmischung, Dichte und aktuelle Materialität eine pragmatische Stadt-Form unser Zeit zukunftsfähig zu generieren.

Nochmals zurück zu den Anfängen: Sie sprechen immer wieder von Erfahrungen der Kindheit, vom Erlebnis des Spiels in und unter den Holzstapeln der Sägewerke – Sie nennen es „Stadtmodelle, Stadträume aus Holz"; Ihr Atelier liegt in einem „Hinterhof" der Grazer Altstadt: ein zweigeschossiger Bau mit riesigen Holzkonstruktionen und Dachbalken; der Besprechungsplatz ist ein großer Tisch unter dem Dach eines zum baumbeschatteten Hof hin offenen „Salettls" – das Ganze hat eine faszinierende Einfachheit, Schönheit und Selbstverständlichkeit, als wäre die subtile, handlunsgbezogene Schlichtheit eines Tessenow oder eines japanischen Pavillons in einem völlig unspektakulären, mitteleuropäischen Alltag wirklich geworden; was wäre die Botschaft solcher Situationen?

Diese Situation mitten in der Stadt überrascht viele, die uns besuchen, dabei ist es das übliche gründerzeitliche Modell – mit Straßenhaus, Hof, Hinterhaus – in einer entsprechenden Dichte, seinerzeit ein mittelständisches Investment; Wohnen, Arbeit und Erholung sind vereinigt an einem Ort. Es ist einfachste Bauweise: drei Materialien, Ziegel – Holz – Stahl; es sind sichtbare, nicht minimierte Konstruktionen, mit großzügigen Höhen, mit viel Flächenangebot, angemessenen Öffnungen; die Kraft dieser Situation kommt aus dem Raum, aus der energetischen Qualität des gestalteten Milieus – nicht aus dem technisierten Komfort. Ich weiß nicht, wie alt ich werden muss, um das tägliche Erlebnis dieser wunderbaren „alten" Situation in ein Modell unserer neuen Zeit umsetzen zu können, um diese Erfahrung reell in ein zukunftsträchtiges Modell zu transformieren, ein Beispiel jenseits der jeweils modischen, kurzlebigen Formexperimente.

Olympische Winterspiele Turin 2006: Vorfertigung und Montage von viergeschossigen Journalistenhotels in Holzmodulbauweise durch KLH, Katsch/Mur
2006 Olympic Winter Games, Torino: prefabrications and assembly of four-story journalist hotels using modular wood construction technology by KLH, Katsch/Mur

mixed stock

gemischtes Stapel

komplexe Dichte

Stadt aus Ho

lu

Wohnraum
living space working space s
Werkraum
Raumwerk
Wohnwerk
Raum

atial work   living work   space

Das Dach als Land

Rooftop Land

Graz, Landesgarage Machbarkeitsstudien zur Aufstockung eines Funktionsgebäudes, 2002/2005–07

Graz, Landesgarage Feasibility studies for the expansion of a functional building, 2002/2005–07

Der Lend gilt als Grazer Quartier mit einer eigenen Geschwindigkeit. Die Mischung von Wohnen, Betrieben und das Umfeld der Bahnhofsvorstadt ergeben ein spezielles Milieu, das in toten Winkeln oder unbestimmbaren Leerstellen sehr idyllische, fast ländliche Orte verbirgt. Mit der Landesgarage steht am nördlichen Lendkai ein Großbau in unmittelbarer Flussnähe, der von oben betrachtet seinen großen Maßstab am wenigsten verhehlt. Der eingeschossige Bau legt beispielhaft nahe, über die flachen Dächer einer Stadt und ihre verborgene Landressource nachzudenken. Zuerst nur als collagenhafte Idee, dann im Rahmen einer Machbarkeitsstudie wurde der Plan von einer eigenständigen Siedlung auf dem Dach der Großgarage konkret. In erhöhter Position, sechs Meter über dem Straßenniveau einen unverbauten Umblick zu haben, in diesem Fall auf die Mur und den Grazer Schlossberg, scheint ein exquisiter Ausgangspunkt für einen Wohnort zu sein.

Das Planen auf einem Dach mit allen Unterkonstruktionen birgt jedoch mehr Tücken als nur die Prüfung der statischen Machbarkeit. Zuerst sind alle Regeln zu beachten, die eine kleine Siedlung auch am Boden mit sich bringt. Schon bei der zulässigen Bebauungsdichte stößt man an den bereits vorhandenen, kompletten Überbauungsgrad. Dazu kommt die Einschränkung, über einem funktionierenden Erdgeschoss zu planen: Brandabschnitte und Fluchtwege, Leitungsführungen in den Boden, neue Erschließungen, Zugänge und Wege nach oben müssen sich auf den Unterbau abstimmen. Die Statik schreibt vor, wo aufgebaut werden kann, die Gebäudedisposition und die Abstände im kleinen Quartier ergeben sich daraus. Schließlich stellen die Belange der Wohnbauförderung oder die Anforderungen an Senioren oder Rollstuhlfahrer zusätzliche Ansprüche.

Wieder ist es das Holzmodul, das hier für eine Gleichmäßigkeit im Entwurf und für die Vorbereitung einer unkomplizierten Baustelle sorgt. In 17 zweigeschossigen Häusern wird ein einfacher Grundtyp eines Über-Eck-Hauses vorgeschlagen, das auch hier einen eigenen, kleinen Eingangshof ausformuliert. In der überschaubaren Welt des Daches gibt es die städtischen Kategorien von Dichte, von Platz und Gasse ebenso wie auf dem Boden. Nicht nur, weil eine Komplettbegrünung allein aus Gewichtsgründen nicht möglich ist, muss sich die Siedlung auf der Landesgarage seine eigenen Freiraumideen zwischen Sonnendeck und Dachterrasse schaffen.

Dass sich in den fast rigiden 90m²-Grundriss sehr gemischte Lebensentwürfe einnisten können, lässt annehmen, dass sich hier kein typisches Dachloft-Publikum niederlassen wird. Zwischen dem großzügig wohnenden Paar und der Wohn-Werkstatt-Kombination ist alles möglich. Es kann ein Stück im Lend entstehen, das die guten Eigenschaften des Quartiers, seine Bewohnermischung und seine Doppelnatur als Wohn- und Arbeitsort im besten Sinne fortsetzt.

The 'Lend' is an area of Graz with its own pace. The blend of residential as well as commercial life and the suburban train station milieu create a special set of conditions that make for hidden, very idyllic, almost rural spaces within the blind angles or undefined areas in this part of the city. The Landesgarage lies on the north end of the Lend Quay. It is a large structure set close to the river, whose large scale is especially apparent when viewed from above. The one-level structure is an exemplary building that encourages reflection on the flat roofs of a city and their hidden resources. What began as a collage-like idea developed into a concrete plan based on a feasibility study on the possibility of building a selfcontained development on the roof of the large garage. The elevated location six meters above street level, which offers an unhindered view of the Mur River and the Grazer Schlossberg, seems to be an exquisite place for a residential building.

However, planning on a roof with all its lower level construction details poses more challenges than simply calculating static feasibility. First of all, all the rules that apply to building a small residential project at ground level have to be considered. The idea then reaches its limits when determining the permissible development density with regard to the proportion between the space covered by existing developments and the total amount of available space. Other limitations come from having to plan on a functional ground level: fire protection and escape routes, power line placement in the floor, new installations, access ways and pathways leading upwards have to be set in relation to the lower structure. The statics determine where the building can be raised; they also define the disposition of the building and the spacing in its small quarters. Lastly, construction subsidy guidelines and elderly or disabled resident requirements add to the list of challenges such a project poses.

Once again it is the wood module that helps create a uniform design and ensures an uncomplicated construction site. A simple L-shaped house design was chosen for the 17 two-level units, each of which features its own, individual entrance courtyard. The clear, manageable rooftop environment includes the same urban categories found at ground level such as construction density, squares and alleys. Full surface greenery isn't possible in the rooftop residential project for weight reasons; hence the project requires its own open space solution, somewhere between a sundeck and a rooftop terrace.

Since the almost rigid 90m² ground plan allows for a rich mix of residential designs, it can be assumed that the residents won't be the typical rooftop loft clientele. Everything is possible, from ample space for a couple, to a residence-workshop combination. A development can be devised for this area that complements the good characteristics of the 'Lend,' the mix of residents and its double identity as both a work and residential area.

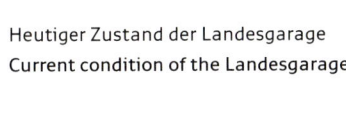

Schichtung von bestehendem Flachbau und Aufstockung · Bildmontage
Layering of the existing building and expansion · Picture collage

Garagen-Innenwelt
Garage interior

Heutiger Zustand der Landesgarage
Current condition of the Landesgarage

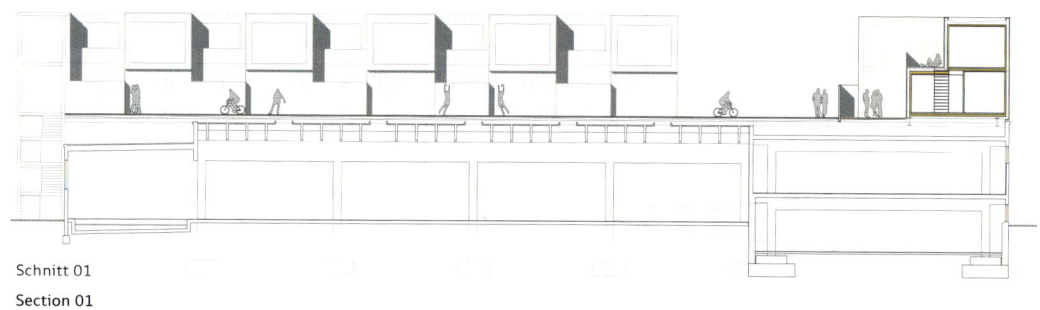

Schnitt 01
Section 01

Erste Ideencollage zur Montage von Modulen, 2002
Umfeld am Lend
First collage of module assembly ideas, 2002
The Lend surroundings

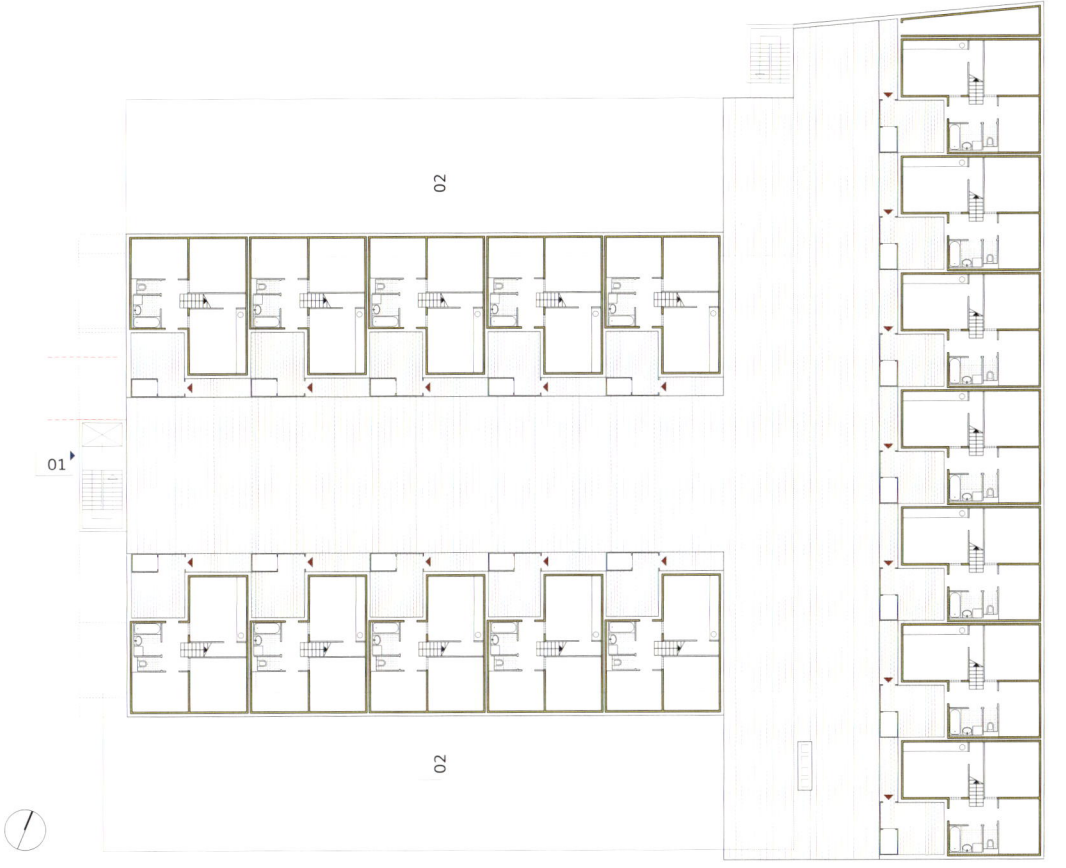

Grundriss Eingangsgeschoss +6,50m
Ground plan, entry level +6.50m

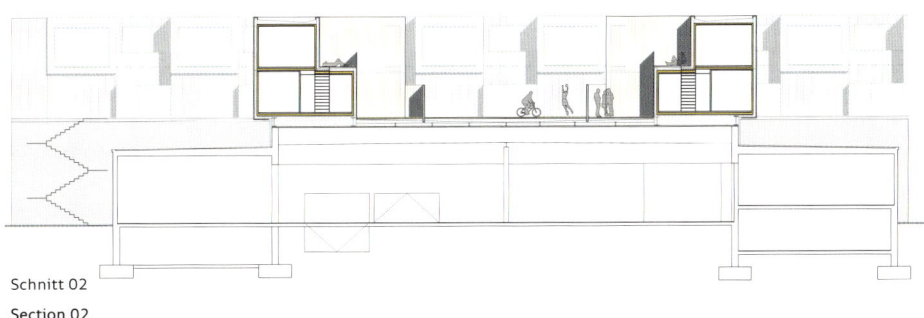

Schnitt 02
Section 02

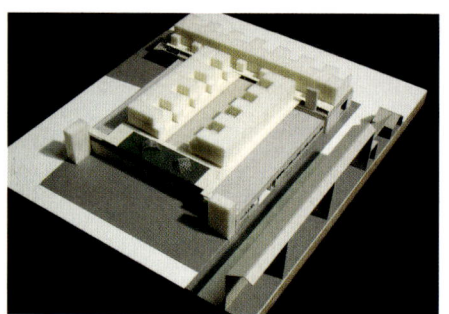

Erste Ideencollage im Kontext des Quartiers
First collage of ideas within the context of the area

Vorstudien an Modellen
Preliminary model studies

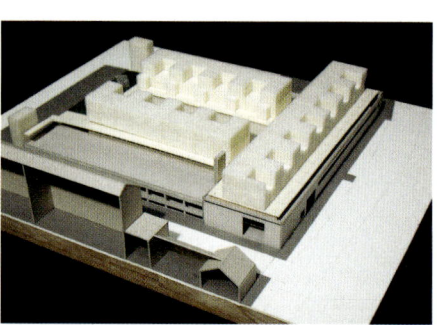

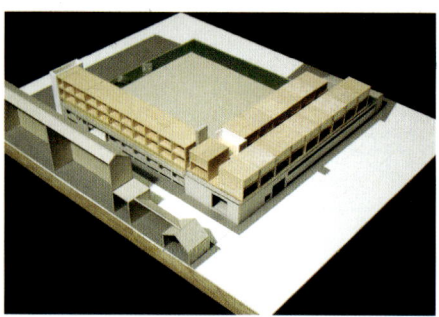

ADRESSE Graz-Lend, Lendkai 99–101, Pflanzengasse 4 AUSLOBER Land Steiermark PLANUNG+BAUZEIT 1. Studie 2002, Machbarkeitsstudie 2006 KENNGRÖSSEN 17 WE/89,90m², BGF 2.076,28m² BAUKOSTEN ca. € 2.142.000 (Schätzkosten 2006) MITARBEIT Frank M. Schulz, Sonja Wiegele FACHLEUTE Statik DI Johann Riebenbauer; Haustechnik TB Pickl, Ing. Pechmann

ADDRESS Graz, Lendkai 99–101, Pflanzengasse 4 CLIENT Land Steiermark PLANNING+CONSTRUCTION PERIOD 1st study 2002, feasibility study 2006 SPECIFIC SIZES 17 RU/89,90m², gross floor area 2,076.28m² CONSTRUCTION COSTS ca. € 2,142,000 (estimated cost, 2006) STAFF Frank M. Schulz, Sonja Wiegele EXPERTS statics DI Johann Riebenbauer; building technology TB Pickl, Ing. Pechmann

Hubert Rieß beschreibt die Motivation zum Projekt in der Machbarkeitsstudie: Ziel ist es, in zentraler Stadtlage hochwertigen Wohnraum zu schaffen. Bestehende eingeschossige Bebauungen wie Parkgaragen, Supermärkte, Autohäuser, bieten auf ihren Dächern ideale „Grundstücke" zur städtischen Nachverdichtung und Schaffung von Wohnraum. Die innerstädtische Wohnnutzung wird somit, in der ruhigeren, entschleunigten „oberen Stadtebene" liegend, durch die Plattform, die z.B. die Garage bildet, mit den Freiraumqualitäten einer Erdgeschosszone bereichert. Bislang monofunktionale Gebäude können so zu Hybriden umgewandelt werden und neben einer verbesserten Nutzungsmöglichkeit auch zu einer besseren Einfügung in den städtischen Kontext beitragen. Diese Gebäude haben eine meist ungegliederte, proportionslose auf die Erdgeschosszone beschränkte Erscheinungsform. Das Projekt „Aufstockung Landeszentralgarage" erhebt den Anspruch, die neuen Wohnungen an ein bestehendes System anzubinden und dieses entsprechend der neuen Nutzung und den sich daraus ergebenden Anforderungen zu erweitern. Genutzt bzw. als Teil des Zubaus gesehen werden können sowohl das bestehende Tragsystem als auch die bestehenden haustechnischen Anschlüsse, die Erschließung und eventuell zugeordnete Freibereiche im Terrainniveau. Keinesfalls sollte jedoch im Zuge dieser Aufstockung der Betrieb der Garage eingeschränkt werden. Auch während der Bauphase sollte die Funktionsfähigkeit möglichst gering behindert werden.

Büro Hubert Rieß, 30.06.2005

Hubert Rieß describes his motivation in the feasibility study:
The goal is to create a high-quality residential project in a central location. The roofs of existing one-level structures such as garages, supermarkets and car dealerships offer ideal 'real estate' for the creation of additional urban projects and living space. The platform created by the garage, for example, makes it possible to optimize the use of this inner city space with a residential project. It offers a decelerated 'upper urban level' that features the same open space characteristics as a ground-level zone. Thus buildings that were monofunctional become hybrid structures that lead to the buildings' improved structural integration in their urban context. Usually these buildings are defined by their unaligned, ground-level form that lacks a sense of proportion. The 'Landeszentralgarage Expansion' project strives to integrate new apartments in an existing system and expand this system to meet the ensuing requirements. The existing load-bearing structure and technical installations become part of the new buildings, as well as the terrain's existing access ways and open spaces. But garage use is not hampered in any way. Its functionality will only be minimally affected, even during construction.

Büro Hubert Rieß, 30.06.2005

Ebene 2
Level 2

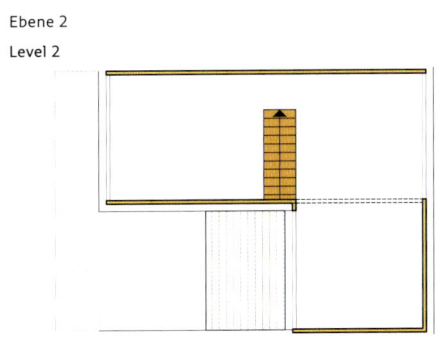

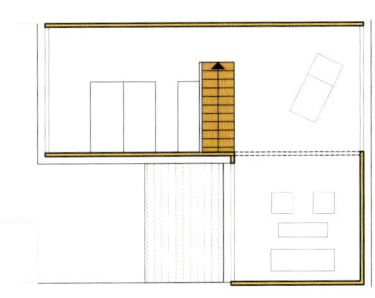

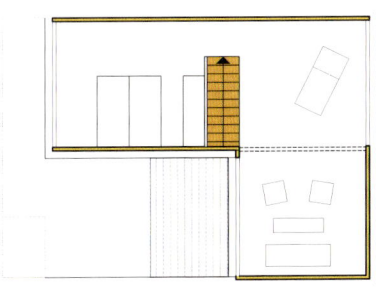

Ebene 1   Standardlösung
Level 1   Standard solution

Großzügige Wohnung für ein Paar
Generous living for a couple

Wohnen und Arbeiten
Living and working

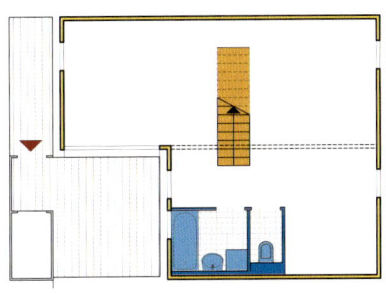

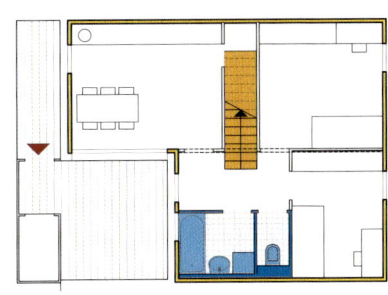

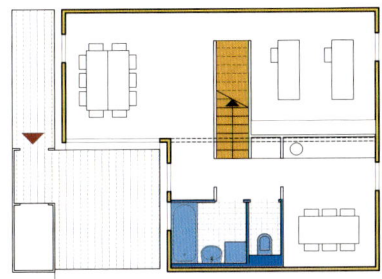

29

Stadtbausteine

Studie zur städtischen Nachverdichtung, 2002

Ohne Grundstück und ohne Auftrag ist der „Stadtbaustein" eine reine Studie. Ortlos zu sein, ist jedoch nicht gleichbedeutend mit wirklichkeitsfern. Zeitgleich mit greifbaren Planungsaufgaben war der „Stadtbaustein" ein Testfall für weitere Projekte des Büros. Die Idee, einen Stadtblock von 40 x 64 m in der Tiefe und auf eine Höhe von 15 m komplett zu füllen, sucht bekannte urbane Groß-figuren und Typologien, wie man sie aus sehr dichten Städten wie Barcelona, Prag, Berlin oder Wien kennt. Von der Stadt zum Haus und wieder zurück, so könnte der Entwicklungsweg be-schrieben werden.

In dieser Idee konkretisiert sich die Vision, den Modulgedanken auf kleinteilige Gewebe und gleichzeitig auf große Räume und Zwischenräume anzuwenden, wobei derartige Stadtbausteine ja selbst wiederum zu Modulen im großen Maßstabszusammen-hang werden. Erfahrungsgemäß sind in Städten immer wieder nutzbare Volumina gefragt, die wenig oder nur dosiertes Tages-licht brauchen: der Sportplatz, der Fitnessclub, der Großmarkt, das Kino oder eine Ausstellungshalle können darum den Innen-körper des Stadtbausteins formen. Archive und Lager suchen die inneren Zonen eines Blocks. Die straßenbildende Außenkante gehorcht wiederum ihren eigenen Gesetzen und kann bewohnt sein oder ebenso öffentliche Orte der städtischen Laufkundschaft anbieten.

Das eigentlich Experimentierwürdige ist jedoch die Verschmel-zung einer kontinuierlichen Wohnsiedlung aus Einzelhäusern mit den Verwertungsmaximen wertvoller Innenstadtgrundstücke. Den Block und sein kommerzielles Innenleben mit einer eigenständigen Wohnstruktur komplett „einzuhausen", nimmt den Gedanken von schwebenden Grundstücken auf, wie sie auf den Dächern jeder Stadt ungesehen brach liegen. Der „Stadtbaustein" folgt damit einem Bild von „Kern und Kruste", wobei die Kruste dem Modul-prinzip sowohl in der Senkrechten als auch in der Waagrechten folgt. Dabei kommt den „Straßenwänden" des Blocks die statische Rolle des Seitenauflagers zu, um die stützenfreie Überdachung des Innenraums zu garantieren.

Die Siedlung auf dem Dach zeichnet stark gefurcht eine eigene be-wachsene Landschaft nach. Sie will mehr sein als das dekorierte Flachdach. Sie formt eine eigene Welt mit Wegen, Terrassen und Höfchen. Abseits vom vereinzelten Penthouse-Privileg könnte eine eigene Dorfeinheit der Anfang für eine „Stadt über der Stadt" sein. In der Aufsicht, in der mikroklimatischen Bilanz oder einfach auch im „Belebungsgrad" einer ansonsten tageszyklisch entleer-ten Stadt erweist sich dieser Siedlungstyp als starkes, ja womög-lich stärkeres Element als die eigentlich verwertungsrelevanten Geschäftsflächen. Was hypothetisch oder auch synthetisch klingt, stellt Mischungen und Dichten nach, die wir traditionell als an-genehm oder eben „städtisch" empfinden. Sie in dieser Vorsätz-lichkeit zu planen, sie in den modularen Rhythmus zu setzen, modifiziert gleichwohl nichts weiter als ein altes Prinzip vom Stadt-block, den die Jahre dicht und dichter gepackt haben. Es stecken trotz der einheitlichen strukturellen Regeln auch in diesem Ge-bilde die Möglichkeiten mehrfacher und vielfältiger Bauherrschaf-ten bis hin zum Besitz an Einzelhäusern auf den Dachparzellen.

City Building Blocks

An urban redensification study, 2002

Without a site and a contract a city building block is a mere study. But the lack of a location doesn't make it unreal. The 'city building block' was a test case the office developed at the same time as other, tangible planning projects. The idea of completely filling a city block 40x60m deep and 15m high resembles the large urban shapes and typologies we know from very dense cities such as Barcelona, Prague, Berlin or Vienna. From the city to the build-ing and back again, that is the way this development could be described.

This idea gives definite shape to the vision of applying a modular concept to the fine textures, large spaces and gaps that a city offers at the same time. In this project the city building blocks in turn become modules in a large-scale context. Experience shows that reusable volumes that only require little or specific amounts of daylight are in demand: playing fields, health clubs, large super-markets, a movie theater or an exhibition hall can fill the inner body of the city building blocks. Archives and warehouses seek space in the inner zones of a block. The outer edge that forms the street block follows its own rules and can be used as a residential area or as a public urban pedestrian space.

But what is actually experimental is the blending of a continuous, single-family house residential project with the utilization maxims valid for valuable inner city real estate. To 'house' the block and its commercial inner life within its own unique residential structure takes up the idea of hovering sites, such as the unused rooftop spaces that exist in every city. Thus the 'city building block' follows the 'core and crust' image in which the crust adheres to the mod-ule principle in both vertical and horizontal respects. The 'street walls' of the block assume the static role of lateral supports to allow for interior roofing without stays.

The strong ridges of the residential project on the roof emulate the growth of the surrounding landscape. It wants to be more than a decorated flat roof. It creates its own world with its own paths, terraces and small courtyards. Aside from the individual privileged penthouse, it could be an independent village unit marking the be-ginning of a 'city within a city.' The overall view, the microclimatic balance or simply the 'degree of liveliness' in what is otherwise an empty city throughout the daily cycles makes this type of proj-ect a strong, perhaps even a stronger element than the actually relevant, usable commercial spaces. What sounds hypothetical or synthetic simulates mixes and densities which we traditionally perceive as pleasant or 'urbane.' The premeditated planning and modular rhythm of the project is merely a modification of the old city block principle, which has been packed ever more densely over the years. This structure offers the possibility of multiple and var-ied proprietorship, including the ownership of individual houses on the rooftop sites.

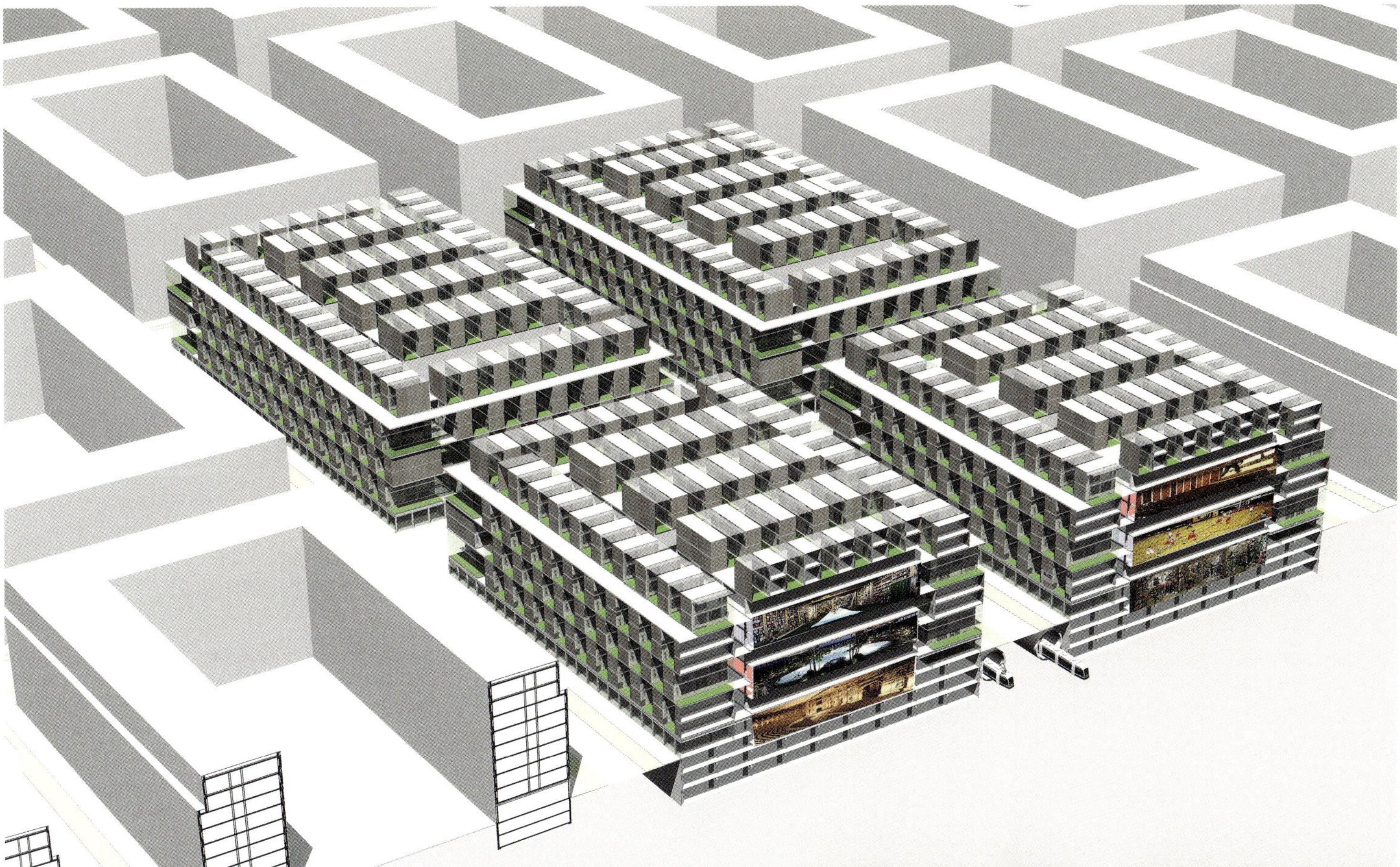

Simulation eines 8-geschossigen Stadtbausteins im Stadtblock
Simulation of an eight-story city building unit in a city block

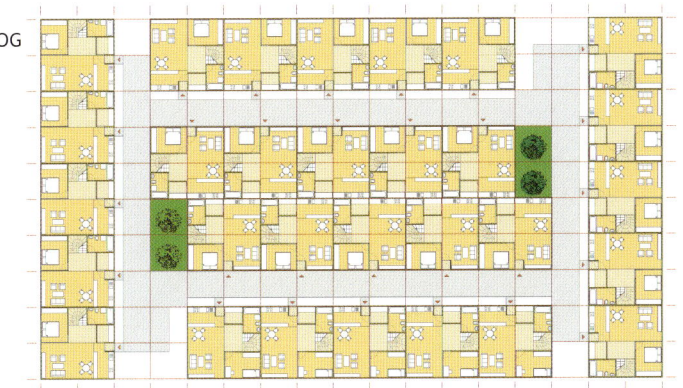
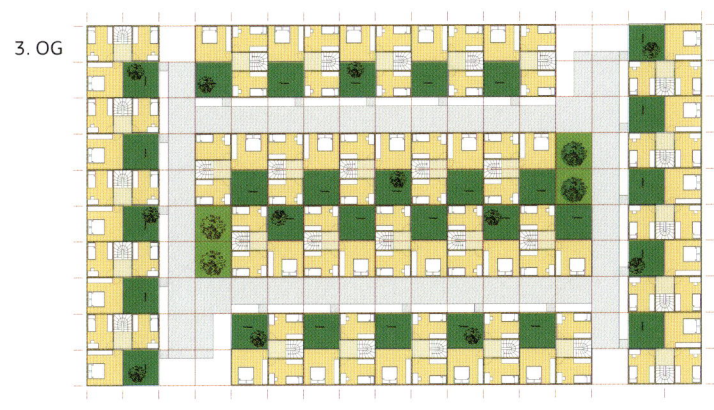

OG

3. OG

Kombinationen zwischen Kern und Kruste
Core and crust combinations

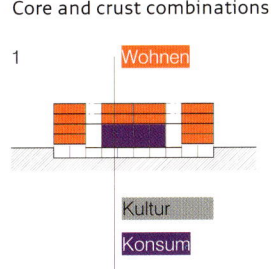

1
Wohnen

Kultur
Konsum

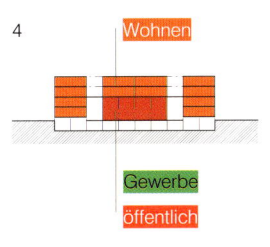

4
Wohnen

Gewerbe
öffentlich

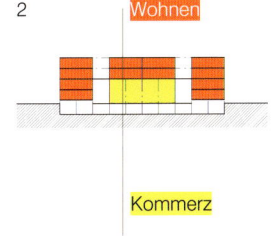

2
Wohnen

Kommerz

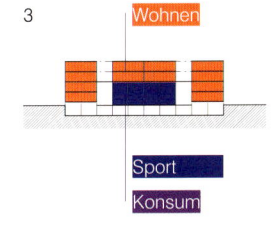

3
Wohnen

Sport
Konsum

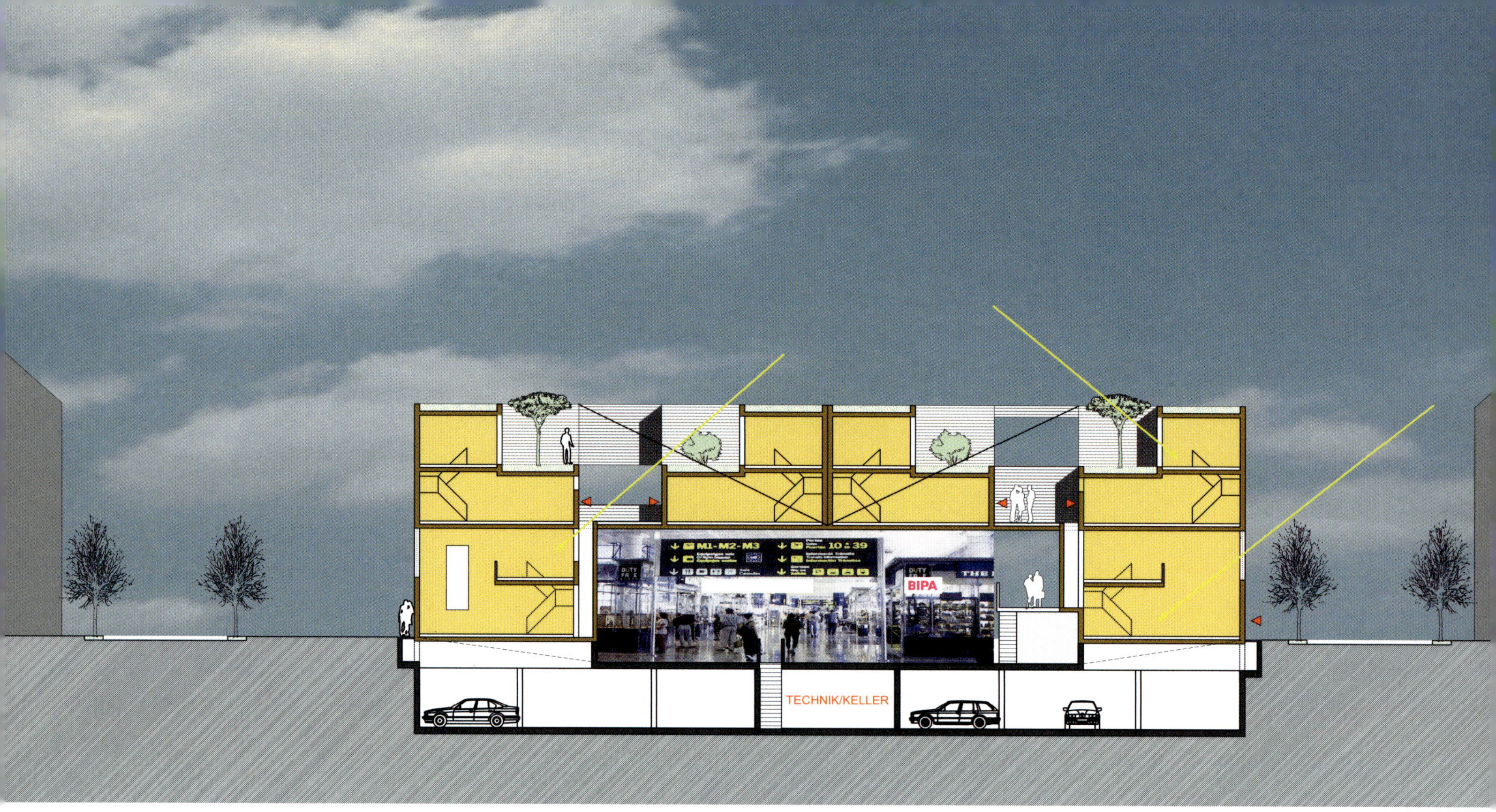

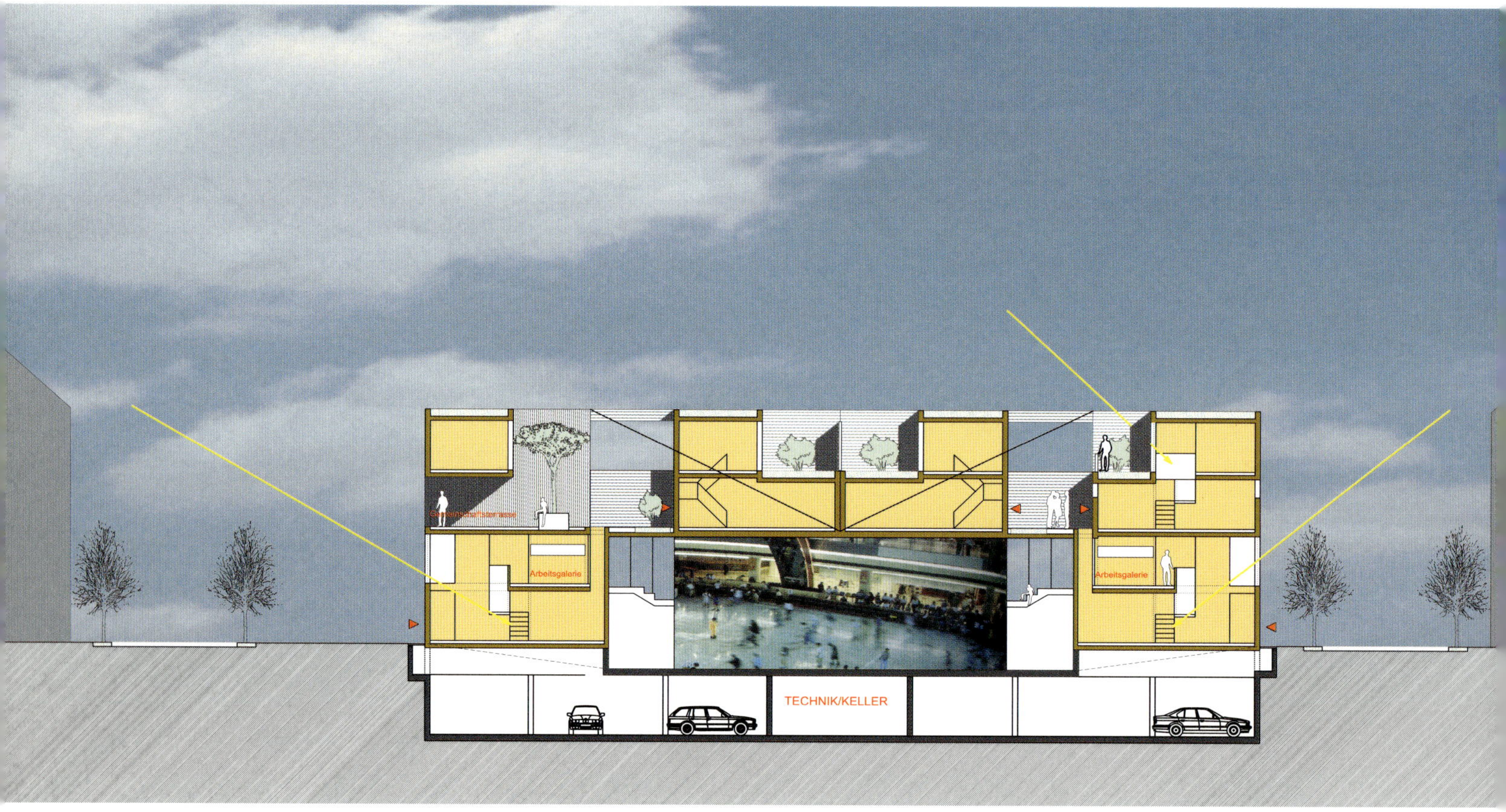

ADRESSE Studie ohne Ort, vorausgesetzte Stadtblockstruktur PLANUNG Freie Studie 2002 KENNGRÖSSEN Wohnen 4.100 m², Innenflächen (Kern) 1.800 m², Außenflächen (Rand) 2.300 m², Blockgröße 64 × 40 m, 30 WE (Dachwohnen), 30 WE (Randwohnen) MITARBEIT Rainer Abele, Thomas Gomilschak, Christoph Romer, Frank M. Schulz

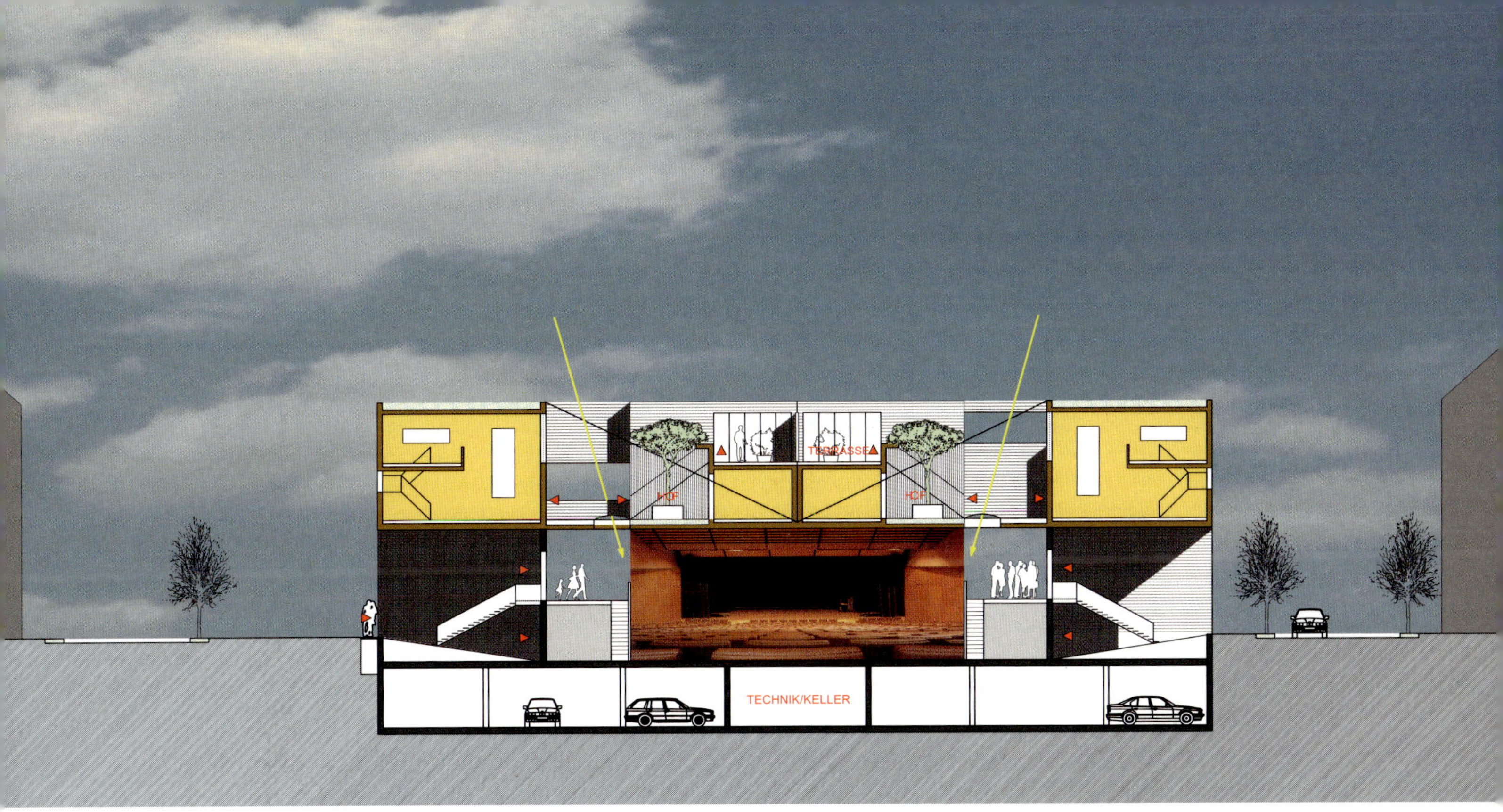

Schnittstudien zu Innennutzung, Wohnungsgefüge, Lichtführung und Zugängen   Section studies, apartment alignment, lighting patterns and access ways

ADDRESS study without a specific site, fitting in a typical city block structure PLANNING free study 2002 SPECIFIC SIZES residential surface area 4,100 m², interior surface (core) 1,800 m², exterior surface (edge) 2,300 m², block size 64 x 40 m, 30 RU (rooftop units), 30 RU (edge units) STAFF Rainer Abele, Thomas Gomilschak, Christoph Romer, Frank M. Schulz

Gründerbox als Denkgröße

Graz, Modulare Gründerstadt Städtebauliche Holzmodulstudie für Innovationszentren in der Steiermark, 2002

Für Wohnbauten den Werkstoff Holz mit seinen atmosphärischen Qualitäten und neuen technischen Möglichkeiten einzusetzen, haben wir seit über 20 Jahren in etlichen Projekten variiert und ausprobiert. Das Image des Holzes lässt sich im „Heim" umweglos mit der entsprechenden „Heimeligkeit" assoziieren. Ebenso sind der Ingenieurs- und Funktionsbau eine traditionelle Holzdomäne. Wenige Erfahrungen gibt es bislang im Holzbau für Büros und Gewerbe. Die Steiermark stellt eine besonders geeignete Region dar, um die Anwendung von Holz zu erweitern und mit Innovationen anzureichern. Die Steirische Wirtschaftsförderung (SFG) hat in den letzten Jahren mehr als 20 Firmengründerstandorte, so genannte „Impulszentren" etabliert und verband 2002 die Ausschreibung neu geplanter Impulszentren mit der allgemeinen Verpflichtung zu technischen und architektonischen Neuerungen. Eine wichtige Bedingung an die neuen Planungen war, gezielt Holz für diesen Büro- und Gewerbebautyp zu verwenden – konkreter noch: Es sollte das Kreuzlagenholz KLH sein, ein Plattenmaterial, das mit örtlichen Firmen und der TU Graz entwickelt wurde und die guten Eigenschaften eines nachwachsenden Rohstoffs mit einem avancierten Verarbeitungsstandard verbindet. Dabei sollte nicht nur ein regional verfügbares Material berücksichtigt und beworben werden. Dahinter lag die Herausforderung, aus dem Halbzeug KLH eine eigene Strukturlogik für Arbeitsstätten zu entwickeln. Dass gerade Impulszentren als Standorte für neue „Pionierunternehmen" besonders neuerungswillig sind, schlug sich in weiteren geforderten Programmpunkten nieder, die bereits architektonische Konsequenzen aussprachen. So war gemäß der Programmausschreibung dem Gründerunternehmen eine „Gründerbox" anzumessen, die, wie die legendäre Garage des Bill Gates, eine kompakte Urzelle für die jungen Ideen sein sollte. In der Summe dieser Boxen war eine „Gründerstadt" gewünscht, die aus dem Zusammenspiel der Gründerboxen eine eigene kleine, urbane Welt entstehen ließe. Besonders auf die informell und flexibel nutzbaren Zwischenräume sei Wert zu legen, die als Innenhöfe oder überglaste Atrien den energetischen, ökologischen und ebenso den kommunikativen, kreativen Anspruch des Programms sichern sollten.
So war die erste Studie für den später geänderten Standort Steinfeldgründe in Graz eine enthusiastische Übersetzung der Offenheit und der Vernetzung, die in einer solchen Baustruktur herrschen kann. Da eine übertragbare Idee gefragt war, die sich auf mehrere Standorte einrichten kann, lag dem Entwurf eine Anordnung nach dem Prinzip paralleler Längskörper zugrunde, die sich als Teppich von Gebautem und Zwischenräumen in alle Richtungen fortsetzen lässt. Das auf den ersten Blick unübersichtliche Bild einer solchen Gründerstadt würde beim näheren Hinsehen sehr wohl seine wiederkehrenden Motive offenbaren: das Büromodul, das in einer lockeren Schar Räume frei lässt, die an die „Straßen" und „Plätze" zwischen den Brettstapeln eines Holzlagerplatzes erinnern. In den Abständen zeichnen sich größere bewachsene Plätze ab. Die Abstände werden jedoch ebenso mit „Bürobrücken" überwunden und verweben die zueinander parallelen Büroeinheiten in einer zweiten Ebene miteinander. Manche Höfe sind mit Glasdächern abgeschlossen und bieten jene Außen-Innen-Zwitterräume an, die dem Kreuzen der Menschen- und Ideenströme Vorschub leisten sollen. Die Faszination, in einem Bürohaus mit städtischen

Starterbox as Strategy

Graz, Modular Founder's City Urban wood module construction study for Styrian innovation centers, 2002

We have used and tested wood, with its atmospheric qualities and new technical possibilities in various forms in residential buildings in a number of projects over the last 20 years. The image of wood can be directly associated with a 'homey' sense in the corresponding 'home.' Engineering and functional construction are also traditional wood domains. There aren't many precedents in wood construction for offices and commercial buildings. Styria is a particularly suitable region for the extension of wood applications and innovations in construction. The Steirische Wirtschaftsförderung (Styrian Economic Development) has established over 20 company founding centers, so-called 'impulse centers' over the last years and in 2002 linked the submission of proposals for new impulse centers with the general obligation to use new technical and architectural approaches. An important condition for the new proposals was the use of wood for this type of office and commercial building – more specifically: it had to be KLH, a panel material developed by local companies and the TU Graz which combines the good properties of a renewable resource material with advanced processing possibilities. The use and promotion of a regionally available material wasn't the only reason for this decision. The challenge of creating an structural logic at work sites with KLH as a semi-finished product was an important factor. Since impulse centers, which act as sites for new 'pioneering enterprises,' are particularly receptive for innovations, programs included other requirements that already had architectural consequences. According to the program guidelines, each founding company had to be given a commesurate 'founder's box' like Bill Gates' legendary garage, a compact first cell for young ideas. The sum of these boxes was meant to create a 'founder's city,' which would develop into a small urban world through the interplay between the founder's boxes. The informal and flexibly usable spaces that could be used as courtyards or atriums and emphasized the energetic, ecological and communicative, creative aspect of the program were given particular importance. The first study for the Steinfeldgründe site in Graz, which was later changed, was an especially enthusiastic interpretation of the open network such a building structure can offer. Since an idea was needed that could be applied at a number of different sites, the design was based on the idea of parallel longitudinal structures that can be extended in every direction as a carpet of buildings and spaces. The confusing sight such a founder's city offered at first glance revealed its recurrent themes under closer scrutiny: e.g. the office module whose loose grouping created open spaces reminiscent of the 'streets' and 'squares' between piles of planks in a wood storage area. Large squares with greenery were delineated in larger intervals. The spaces were bridged with 'office bridges' and wove the parallel office units together on a second level. Some courtyards were completed with glass roofs creating hybrid inside-outside rooms to encourage the flow of people and ideas. The fascinating use of urban open space and building patterns in an office building has been attempted time and again in recent architecture, especially when the aim was to encourage group development and not a hierarchical development. The possibility of shaping a founder's center work atmosphere with the 'small-scale,' diverse amount of participants is what led us to re-employ this theme.

Mustern aus Freiräumen und Baukörpern zu verfahren, wurde in der jüngeren Geschichte der Architektur immer wieder probiert, gerade wenn es darum ging, Gruppenbildung und nicht Hierarchiebildung zu begünstigen. Die Aussicht, mit einer „kleinteiligen" und vielfältigen Menge an Beteiligten das Arbeitsmilieu eines Gründerzentrums zu formen, lässt dieses Motiv immer wieder aktuell werden.

Lage und Erweiterungsmöglichkeiten · Bürovarianten zwischen Zeilen und Brücken
Location and expansion possibilities · Office variants between rows and bridges

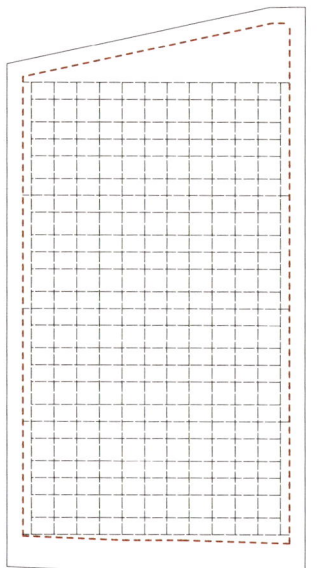

Strukturen und Schichten
Structures and layers

Raster
Grid

Stützen Tiefgarage
Underground garage stays

Parken Tiefgarage
Underground garage parking

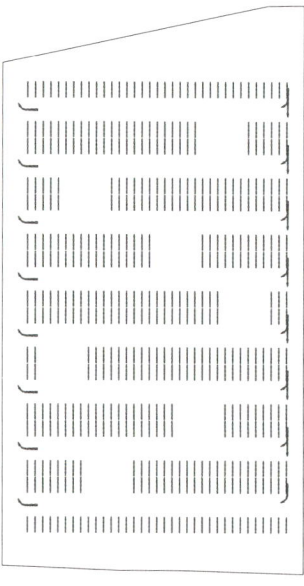

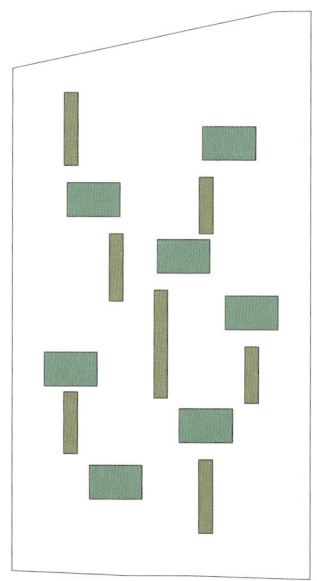

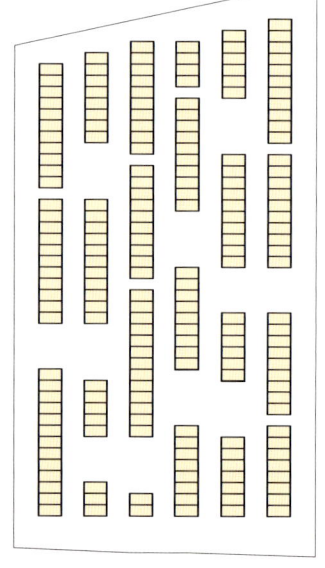

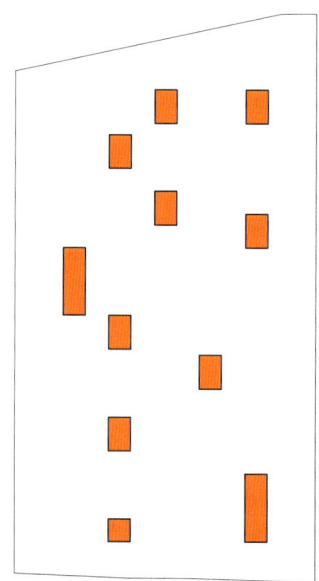

Grünräume
Green areas

Büromodule
Office modules

Bürobrücken
Office bridges

ADRESSE Graz, Steinfeldgründe AUFTRAGGEBER Steirische Wirtschaftsförderung SFG
PLANUNG Studie 2001 KENNGRÖSSEN Grundstück 8.000 m², Nutzfläche 2.600 m²
MITARBEIT Frank M. Schulz FACHLEUTE Statik DI Johann Riebenbauer, Haustechnik Büro Pickl

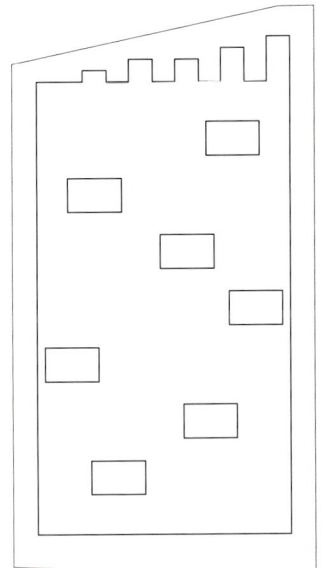

Tiefgarage
Underground garage

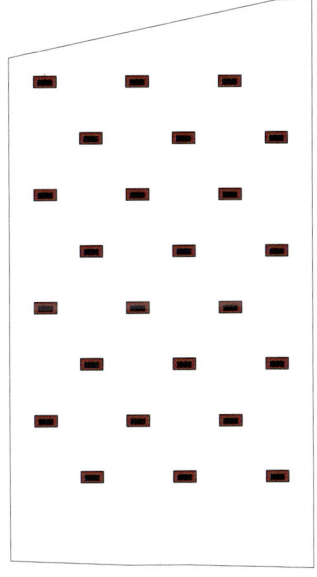

Lichthöfe Tiefgarage
Inner courtyards

Vertikalerschließung
Vertical access

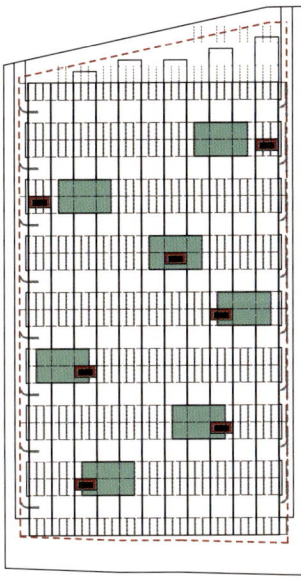

Feuerwehrzufahrt
Fire department access route

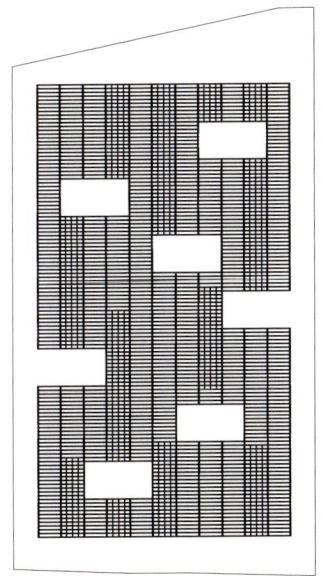

Dachkonstruktion
Roof construction

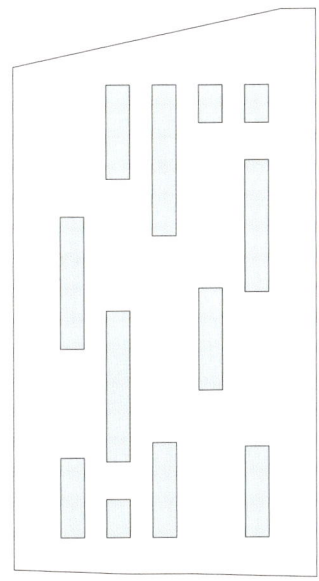

Glasdächer
Glass roofs

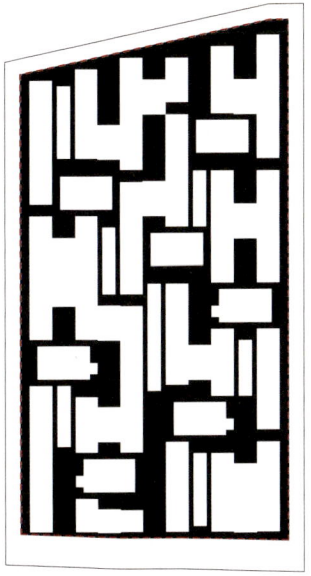

Raumstruktur
Space structure

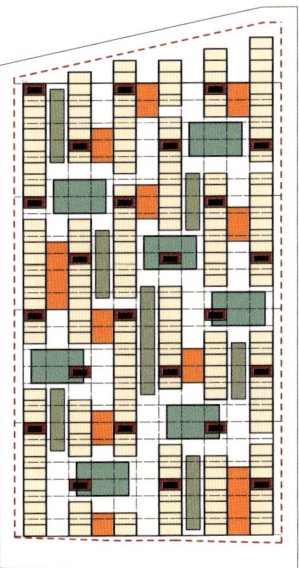

Gebäudestruktur
Building structure

ADDRESS Graz, Steinfeldgründe   CLIENT Steirische Wirtschaftsförderung SFG
PLANNING Study 2001 SPECIFIC SIZES site 8,000 m², floor area: 2,600 m² STAFF Frank M. Schulz
EXPERTS statics DI Johann Riebenbauer; building technology Büro Pickl

Der Takt der Höfe

Graz, Inffeldgründe Verhandlungsverfahren zu einem Büro- und Forschungsgebäude in Modulbauweise, 2002

Ein Haus so weit zu neutralisieren, dass es „multifunktional" wird, kann zur gebauten Langeweile oder typologischen Uneindeutigkeit führen. Die mehrfache Nutzbarkeit oder ein genuines Umnutzungsvermögen tragen Lofts, Großetagen in alten Gewerbebauten scheinbar mühelos in sich. Bei einem Neubau gilt es, diese Tugenden des Neutralen neu einzusetzen, wie z.B. großzügige Raumhöhen, der Zugang zum Sonnenlicht oder variierbar anzusteuernde Treppenzugänge. Das Verhandlungsverfahren zu einem multifunktionalen Arbeitsstandort suchte ein Gehäuse, in dem sich Forschungsgesellschaften aus Universitätsinstituten mit privaten Forschungseinrichtungen zusammenschließen und ein wissenschaftliches Kompetenzzentrum bilden können. Das vorgegebene Stück Land für den geplanten Standort im Grazer Südosten ist schmal und lang. An dieser Stelle schließt sich der Grazer Campus der Technischen Universität nach Süden hin zur lockeren Wohnbebauung ab. Auf einem Rest- oder Randstück kann darum kein kompaktes Institut entstehen, wie es als Typ auf dem Campus ansonsten vorherrscht. Die Campuskante verlangt hier eher nach einer kontinuierlichen Struktur, die in ihrer möglichen, fast endlosen Länge immer noch genug Tiefe behält, um jene kreativen Bezüge räumlich auszulösen, die einen Forschungs- von einem reinen Verwaltungsbau unterscheiden.
Bei einer geplanten Gebäudebreite von über 25 m fordert dieser Bau, wenn es um die Optimierung natürlicher Belichtung geht, seine innere, aufgelockerte Struktur. Im Modulprinzip wurde darum ein Raum-Hof-Rhythmus überlegt, der sich auf einem einfachen zweihüftigen Mittelgangschema begründet. Im Wechsel trifft ein Hof von 40 m² auf eine nahezu quadratische Nutzfläche von 100 m². Nicht nur in der Länge könnte dieses offene System ewig weitergehen (das Grundstück ließe eine Verdreifachung des verlangten 1. und 2. Bauabschnittes zu, die zusammen bereits 120 m in der Länge messen). Ebenso könnte das Webmuster von Innen- und Außenräumen in der Breite weiter wachsen. Bei aller Offenheit des Prinzips und gerade wegen seiner kleinteiligen Natur kann sich das vorgeschlagene Konzept gleichwohl an den Ort sehr präzise anpassen. Dem Einzelhausgewebe im Bezirk Jakomini begegnet das Institut nicht als Riegel, vielmehr als Sequenz von grünen Höfen. Die Längshalbierung in einen zweigeschossigen und dreigeschossigen Bauteil reagiert zusätzlich auf die unterschiedlichen Höhen der angrenzenden Bebauung.
Die Suche nach einer kontinuierlichen Büro- und Forschungslandschaft ist im Musterspiel des Holzmoduls von 5,0 x 10,0 m angelegt. Diese kleinste Einheit stellt im Zweierpack das Basismodul einer Büroeinheit von 100 m². Dass sich nach dem Nutzungskatalog der TU sowohl große Seminarräume, Gruppenbüros aber auch Arbeitszellen und Einzelbüros einrichten lassen – das ermöglicht die immer wiederkehrende Ausrichtungsmöglichkeit zu den Innenhöfen. Die Höfe tragen neben der sachlichen Belichtungsfunktion die emotionale Aufgabe, allen Anliegern einen Ort der Zugehörigkeit zu geben und gleichzeitig den höflichen Abstand zum Gegenüber zu halten. Der grüne, stille, kühle Hof will die Pause sein, in dem das Büro- und Forschungsgebäude Luft holt und um das herum sich trotz aller beliebiger Kombinatorik überschaubare Raumgruppen abzeichnen.
Dem vorgeschlagenen Entwurf war schließlich keine Verwirklichung beschieden. Im Verfahren wurde ein anderer Beitrag vor-

Rhythm of the Courtyards

Graz, Inffeldgründe Negotiation process for a modular office and research building, 2002

Neutralizing a building to an extent that makes it 'multifunctional' can lead to structured boredom or typological ambiguity. Lofts, large floors in old commercial buildings offer usability for multiple purposes or genuine re-utilization potential seemingly effortlessly. This neutrality as a virtue has to be built in a new way in a new building, e.g. with generous ceiling heights, sunlight penetration or staircases offering varying access possibilities. The negotiation process for a multifunctional work site sought to find a building that would house various university research units as well as private research entities and consolidate them as one scientific competence center. The site for the planned facility in southeastern Graz is narrow and long. It is located at the southern end of the campus of the Graz University of Technology, which is bordered by a loosely developed residential area. A compact institute similar to the other institute buildings on the campus cannot be built on a leftover or edge site. The campus edge here requires more of a continuous structure which still contains enough depth in its possible, almost endless length to make the spatial solutions possible which allow for the creative references that separate a research building from a purely administrative building.
With a planned building width of over 25 m, this building requires loose interior structuring to allow for optimized natural lighting. Hence a room-courtyard rhythm following the module principle was conceived that is based on a simple, two-hipped central hallway design. A 40 m² courtyard is followed by a nearly square, 100 m² service area. This open system could continue endlessly (the site allows for a tripling of the 1st and 2nd construction segment lengths, which measure 120 m together). The breadth of the exterior and interior space pattern could also continue to grow. The openness of the concept and its small-scale nature make it precisely adaptable to the site. The texture of the single-family house development in Jakomini district faces the institute as a sequence of green courtyards instead of a block. The longitudinal partition of the structure into a two-level and three-level segment is an additional reaction to the varying heights of the bordering development. The search for a continuous office and research landscape ends in a wood module measuring 5.0 x 10.0 m. Twin-packs of these smallest units are the basic modules used to create one 100 m² office unit. The recurring possibility of opening the rooms towards the interior courtyards makes it possible to meet the universities' requirements for large seminar rooms, group offices and individual offices. The courtyards also have an emotional purpose, aside their functional use as a source of light. They give users a sense of belonging to their respective locations and serve as spacers between parties at the same time. The green, quiet, cool courtyard is the break in which the office and research building takes a breather and divides the structure into clearly understandable groups of rooms with their individual combinations.
The design proposal was not ultimately realized. Another design was favored in the selection process. However, the development of this variant helped clarify certain modular construction questions: how does a structure react to the desires of its urban surroundings and at the same address the uncertainties of its inner development? How can larger, interrelated surfaces be realized with modular construction, which is defined by production and transportation size limitations?

gezogen. Die Entwicklung dieser Variante half dennoch, einige Fragen an den Modulbau zu klären: Wie reagiert eine Struktur auf die Wünsche ihres städtischen Umfelds und gleichzeitig auf die Unwägbarkeiten der inneren Entwicklung? Wie lassen sich größere zusammenhängende Flächen im Modul realisieren, das seinerseits eine begrenzte Produktions- und Transportgröße hat? Schließlich wurde im Rahmen dieser Planung darüber nachgedacht, wie um den „Rohbau" der gesetzten Module mittels einer eigenen Fassadenschicht ein intelligenter Mantel mit allen zeitgemäßen energetischen und funktionalen Anforderungen entstehen kann.

The final aspect in this project plan was how to give the 'raw structure' of the modules an intelligent cladding layer that met all the contemporary energy and functional requirements by giving it its own façade shell.

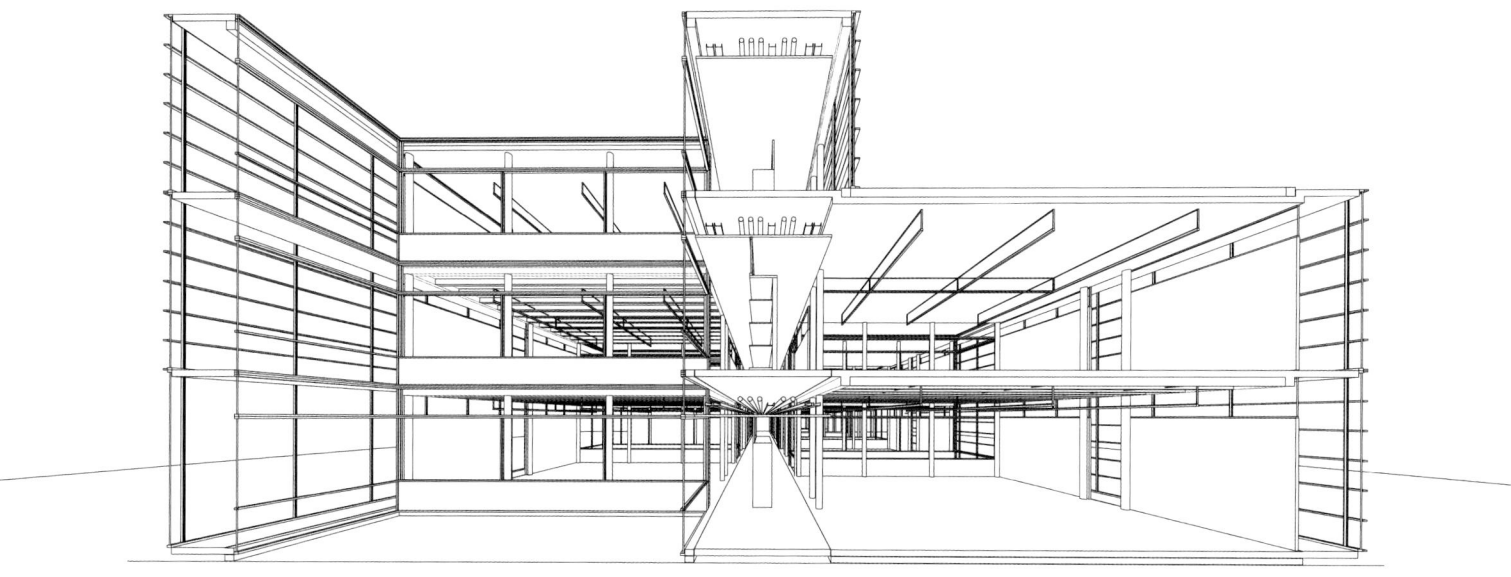

Perspektive auf den zentralen Weg und Versorgungsstrang
Struktur- und Organisationsdiagramme

Central pathway and supply line perspective
Structure and organization diagrams

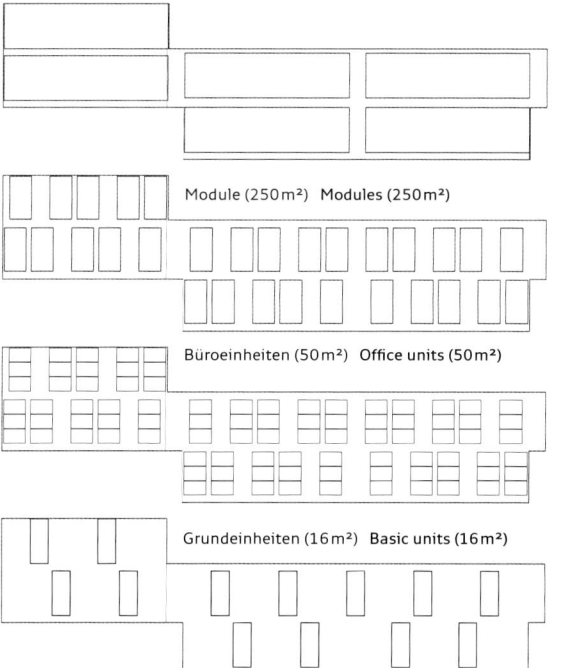

Module (250 m²) Modules (250 m²)

Büroeinheiten (50 m²) Office units (50 m²)

Grundeinheiten (16 m²) Basic units (16 m²)

Lichthöfe Inner courtyards

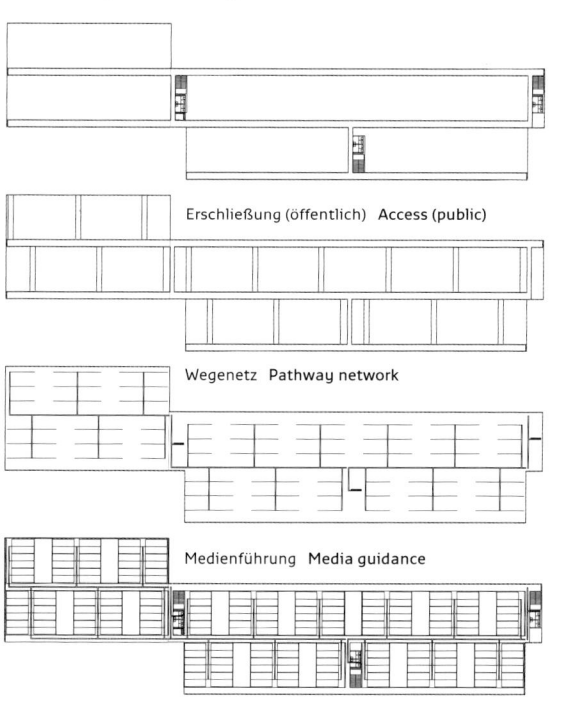

Erschließung (öffentlich) Access (public)

Wegenetz Pathway network

Medienführung Media guidance

Lichthöfe Modulstruktur Module structure

Lage der vermittelnden Struktur zwischen Einzelhäusern und dem Campus
Location and dialogue between the individual buildings and campus

Rundumschau am Baugrund des Instituts
Overall view of the institute site

Modelldurchsicht
Model through view

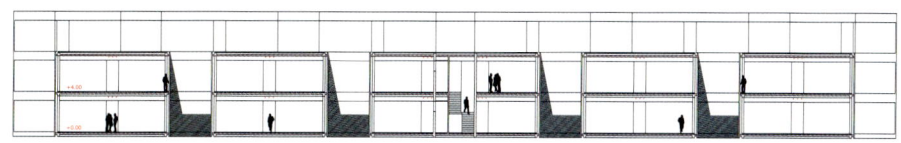

Baugefüge von Süden
Building structure from the south

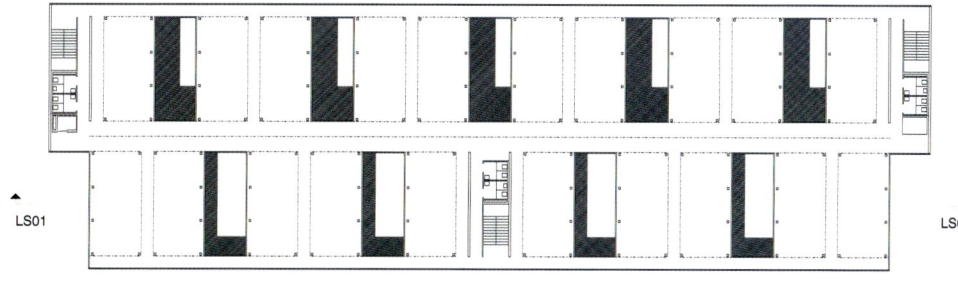

Regelgrundriss mit Hofwechsel
Standard ground plan with changing courtyards

LS01   LS01

ADRESSE Graz-St. Peter, Inffeldgasse 21 A+B PLANUNG Verhandlungsverfahren 2002 AUSLOBER Bundesimmobiliengesellschaft m.b.H.,
Wien KENNGRÖSSEN BA 1+2: BGF 7.060,44m², BA 1+2: BRI 28.241,76m³ MITARBEIT Rainer Abele, Frank M. Schulz

ADDRESS Graz-St. Peter, Inffeldgasse 21 A+B PLANNING Negotiation process 2002 CLIENT Bundesimmobiliengesellschaft m.b.H., Wien
SPECIFIC SIZES CS 1+2: gross floor area 7,060.44m², CS 1+2: gross building volume 28,241.76m³ STAFF Rainer Abele, Frank M. Schulz

Dem Impuls ein Haus

Zeltweg, Impulszentrum „Haus der Zukunft", Projekt 2002–05

Die erste Idee der modularen Wissensstadt mündete in die Entwürfe der Innovationszentren in Zeltweg und Graz, wo sich die Planungsphase zunächst auf verschiedene, wechselnde Grundstücke einzustellen hatte. Bewusst war im Programm der neuen Impulszentren angestrebt, nicht nur den regionalen Baustoff Holz zu stärken, sondern mit regionalen Anbietern das technische Know-how im Holzbau zu fördern und zu würdigen, um es wie eine „gebaute Werbebotschaft" zu präsentieren. Im Fall des Zeltweger Projekts entstanden in der Planungsphase beim Fügen der Holzmodule und dem Spiel mit den Zwischenräumen immer wieder neue Varianten, die großzügige und anregende Arbeitsmilieus ergeben würden. Das hat die Faszination an der Modulidee geschürt, und es hat vor allem die Gebäudefiguren für andere, nachfolgende Projekte vorbereitet.

In den ersten Entwürfen für Zeltweg aus den Jahren 2002–03 sind drei Gestaltungsschritte nachvollziehbar. Zuerst waren aus dem Modul heraus und trotz seiner auf dem LKW transportierbaren Dimension zusammenhängende Raumzuschnitte zu formen. Die Raumangebote sollten neutral genug für alle Möblierungsstufen zwischen Einzel- und Gruppenbüro sein. Die quadratischen Hauptflächen einer Einheit gaben dazu mit je 50 m² einen flexiblen und übereck belichteten Standardraum. In einem nächsten Maßstabsschritt stellte sich die Kombinationsaufgabe, über zwei Etagen den Büroeinheiten eine Taktfolge mit entsprechenden Abständen zueinander zu geben und diese Zwischenräume für die innere Organisation des Gebäudes nutzbar zu machen.

Entscheidend war schließlich, den Resultaten dieser Kombination, d.h. der reinen Addition von Modulen, die Anmutung eines zusammenhängenden Gebäudes zu geben. In einer frühen Fassung legte sich ein umlaufendes überstehendes hölzernes Flachdach auf die Reihe der drei Hauptbaukörper. Zusätzlich sorgten Kragdächer zwischen den Geschossen dafür, eine einheitliche tektonische Setzung von Körpern und Platten zu vermitteln. Dabei würden sich gleichzeitig die Ansprüche eines konstruktiven Bewitterungsschutzes und einer materialgleichen Außengliederung einlösen. In weiteren Varianten teilt sich die Baumasse in das offene, auf Stützen gestellte Erdgeschoss aus größeren Seminarräumen, Werkstätten und den Büroräumen des Obergeschosses. In der Summe haben alle Varianten einen Entwicklungsweg beschritten, um dem Thema Holzbau ein neues Gesicht nach außen, aber auch nach innen zu geben. Ein Projekt wie dieses steht geradezu unter dem Druck, ein Aushängeschild der regionalen Holzwirtschaft oder, wie es gefordert war, ein „dreidimensionaler Prospekt" zum Thema „Innovativer Holzbau in der Steiermark" zu werden. Auch sind Unternehmen rund um das Thema Holz als Mieter besonders angesprochen. Die Nähe zum Zeltweger Holzinnovationszentrum legt den inhaltlichen Brückenschlag zusätzlich nahe. Im Fall Zeltweg kam für das Büro keine weitere Beauftragung bis zur Fertigstellung zustande. Gleichwohl kam der Zeltweger Erkenntnisweg direkt dem realisierten Projekt des Grazer Impulszentrums zugute.

An Impulse, a Building

Zeltweg, Impulse Center 'Haus der Zukunft,' project 2002–05

The first idea for a modular Wissensstadt (city of knowledge) gave rise to the designs for the innovation centers in Zeltweg and Graz, in which planning had to be adjusted to various changing sites. The program focused on emphasizing the use of wood, the regional construction material, while both enhancing and paying tribute to regional know-how in conjunction with regional suppliers. This was meant to culminate in a 'built advertisement.' New variants emerged that would offer generous and invigorating work spaces throughout the Zeltweg project planning phase as the wood modules were linked and spaces were developed. These possibilities were fostered by the fascination exuded by the module idea, and most of all, it helped prepare building shapes for other projects that followed.

Three design steps can be recognized in the Zeltweg designs completed in 2002–03. The first was the creation of interrelated module-based room sections despite their truck-sized, transportable dimensions. The rooms had to be neutral enough to be suitable for all furnishing purposes, from an individual office to a group office. The square main unit surfaces of a unit measuring 50m² each created a flexible standard room lit from both adjoining sides. The next scale modeling step posed the task of combining office units on two floors and giving them a rhythmic sequence with the corresponding spaces between them, while creating usable spaces for the interior organization of the building.

The results of this combination, i.e. the simple addition of modules, were ultimately decisive in giving the structure a cohesive building appearance. An early version envisioned a continuous projecting flat roof that extended over the three main buildings. Cantilevered roofs between the floors gave the set structures and slabs a uniform tectonic identity. This solution addressed weathering protection requirements and the need for an exterior alignment using the same material. Other variants proposed the separation of the building mass into the open ground floor on stays featuring large seminar rooms and the offices on the upper level. In sum, all variants that were developed helped give wood construction a new face on the outside and inside. This type of project is under pressure to become a billboard for the timber industry, or as was required here, a 'three-dimensional brochure' on 'innovative wood construction in Styria.' It also appeals to companies in the timber industry as possible tenants. The proximity to the Zeltweg wood innovation center adds to the thematic cohesiveness. The office was not awarded a contract to complete the Zeltweg project, but the Graz Impluse Center project, which was realized later, profited from the insights gained when this project was planned.

Längsfassade als doppelgeschossige Membran
Longitudinal façade as a double-level membrane

Planungsvariante in Einzelbaukörpern
Planning variant with individual building structures

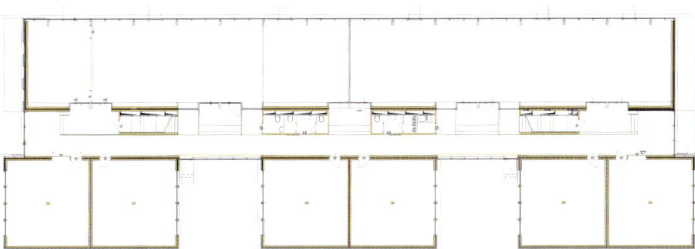

EG

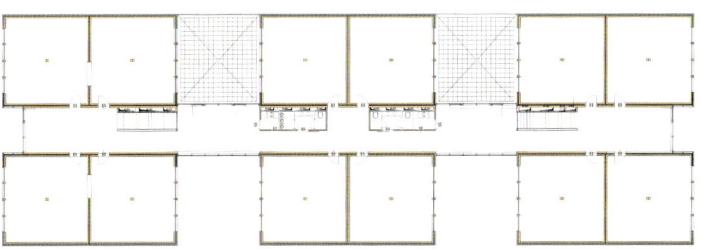

OG

Modellstudie mit Modulkörpern auf
Rahmenkonstruktion
Model study with module structures
on framework construction

Erste Modellstudie in Dreiteilung und
Binnenhöfen
First model study with triple division
and enclosed courtyards

Arbeitsmodell als Modulgefüge
Working model with module structure

Standort in Bauvorbereitung
Site being prepared for construction

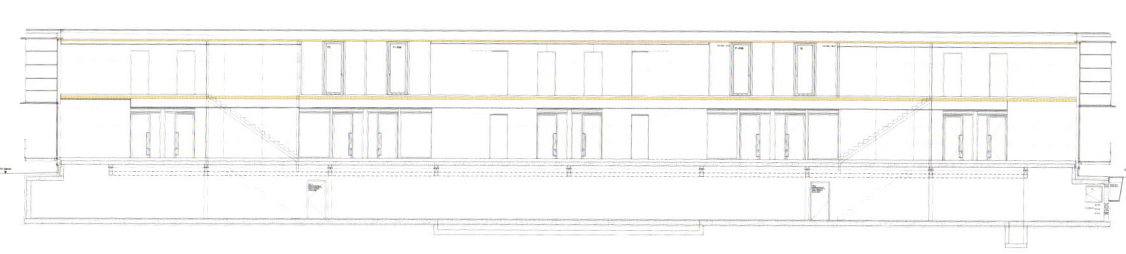

Längsschnitt entlang des
zentralen Flurs
Longitudinal section along
the central hall

ADRESSE Zeltweg, Forstweg, ÖDK Gelände BAUTRÄGER Innofinanz-Steiermärkische Forschungs- und Entwicklungsförderungsgesellschaft m.b.H.
PLANUNG 2002–05 KENNGRÖSSEN Grundstück 3.800 m², BGF ca. 2.300 m², davon flexible Fläche für Seminare, Labore ca. 390 m² BAUKOSTEN ca. € 3,2 Mio.
MITARBEIT Thomas Gomilschak, Frank M. Schulz FACHLEUTE Statik DI Johann Riebenbauer; Haustechnik Büro Pickl

ADDRESS Zeltweg, Forstweg, ÖDK Gelände CLIENT Innofinanz-Steiermärkische Forschungs- und Entwicklungsförderungsgesellschaft m.b.H. PLANNING 2002–05
SPECIFIC SIZES site 3.800 m², gross floor area ca. 2.300 m², thereof flexible surface for seminars, labs ca. 390 m² CONSTRUCTION COSTS ca. € 3.2 m
STAFF Thomas Gomilschak, Frank M. Schulz EXPERTS statics DI Johann Riebenbauer; building technology Büro Pickl

Das Haus als Gründerstadt

Graz, Impulszentrum Büro-, Labor- und Werkstättengebäude
2001–04

Das Impulszentrum Graz steht am Endpunkt oder eher am Ende
einer Zwischenetappe von Überlegungen zum Modulbau, die der
hölzernen Zelle eine Kombinatorik für größere und funktional be-
liebige Raumzuschnitte abverlangen. Das bedeutet, dass mit dem
Modul auch großzügigere Innenräume gebildet werden können,
die über die Einzelfläche des Moduls hinausgreifen. Dabei sind
mit der „städtebaulichen" Anordnung der Modulcluster Zwischenräume möglich, die als Hof und Halle zwischen Innen und Außen
schillern. Mit den Erfahrungen aus den Studien zum Stadtbaustein, dem Wettbewerb Inffeldgründe und nicht zuletzt den Planungen zum Impulszentrum Zeltweg hat sich die Frage nach
einem größeren Modulcluster auf einen größeren Bau anwenden
lassen. Die Stadt war als Thema und Anspruch schließlich der
Überbegriff für den großen Baugrund der ehemaligen Grazer
Brauerei Reininghaus im Westen der Stadt. Eine Gründer- und
Wissenschaftsstadt soll hier entstehen, deren Teil das Impulszentrum selbst werden wird. Diesen Stadtbegriff auch im Gebäude
aufzunehmen, war eines der ersten Anliegen der frühen Studien.
Hier begegneten sich einerseits das Modul mit seinem Naturell
der erkennbaren Einheit und andererseits der Wunsch, das Haus
so luftig zu machen, dass es nicht mehr nur Haus ist, sondern
dass sich aus den Modulen eine Stadtnatur oder zumindest eine
Stadtblock-Innenwelt entwickelt. So kann man den Bau zwar
von außen als Ganzes erfassen, im Inneren jedoch lassen sich in
erster Linie Einzelmilieus abbilden, was genau der Absicht über-
schaubarer Arbeitsbereiche entspricht.

Eva Guttmann kommentiert im Zuschnitt 18, 2005
Im Bereich der Brauerei Reininghaus, deren Betrieb vollständig
ausgelagert wurde, stehen sowohl ehemalige, zum Teil denkmal-
geschützte Betriebsgebäude, die im Rahmen des Stadtentwick-
lungskonzepts saniert und adaptiert werden, als auch ausgedehn-
te Freiflächen zur Verfügung. Hier wurde in zwei Bauabschnitten
das Impulszentrum, geplant von Architekt Hubert Rieß, in einer
Bauzeit von eineinhalb Jahren errichtet. [...] Den Vorgaben dieser
Ausgangslage entsprechend erfüllt das Gebäude, das als Beginn
einer „Gründerstadt" konzipiert ist, hohe Anforderungen an kon-
struktive, gebäudetechnische sowie inhaltliche Innovation und
Nachhaltigkeit.
Grundidee ist die Schaffung von autonomen Basiseinheiten für
Büro- bzw. Labor- oder Werkstättennutzung, die von Start-up-
Firmen angemietet werden. Ein Büromodul ist ca. 80 m² groß,
über einen Fertigteilschacht infrastrukturell versorgt und damit
technisch unabhängig. Die Größe der stützenfreien Labor- bzw.
Werkstätteneinheiten im massiven Teil des Gebäudes beträgt
zwischen 50 m² und 200 m². Je nach Bedarf ist die Belegung
mehrerer Einheiten durch eine Firma möglich, die Unternehmen
können sich Geräte und/oder Personal teilen.
Die Stärke dieses Systems liegt in erster Linie in der flexiblen Kom-
binierbarkeit einer fast beliebig großen Anzahl von Büros sowie
in der Möglichkeit, mehrere Module zu Gruppenbüros zu koppeln.
Das erlaubt große räumliche Vielfalt und unterstützt ein ab-
wechslungsreiches, anregendes Arbeitsklima. Das Energiekonzept
erfüllt die Standards eines Niedrigenergiehauses, besonderes
Augenmerk liegt sowohl auf der Vermeidung eines großen Kühl-
energiebedarfs durch ein modular aufgebautes, kombiniertes

Building as Urban Generator

Graz, Impulse Center Office, laboratory and workshop building
2001–04

The Graz Impulse Center represents the final point or the ending
of an intermediate stage of modular construction considerations
that demand the ability to combine wood cells into larger room
sections for a number of different uses. This means even larger interior spaces can be built that extend beyond the individual surface
of the module. In-between spaces are possible in the 'urban alignment' of the module clusters that shine through between the inside
and outside as courtyards and halls. The question of using a larger
module cluster for a larger building was answered with the experience gleaned from the city building block studies, the Inffeldgründe
competition and the planning for the Zeltweg Impulse Center.
Ultimately, the city as a theme and ambition was the overarching
idea for the large site that formerly belonged to the Reininghaus
brewery in the western part of the city. A founder and research
city was meant to be conceived here, which the impulse center was
supposed to become a part of. Building this city concept into the
structure itself was one of the main concerns in the early studies.
The desire to create a module with its recognizable unit characteristics and the desire to make the building as airy as possible for the
modules to develop the nature of a city, or at least the inner life
of a city block came together in this project. Hence the building is
a perceivable whole on the outside, but individual milieus can be
recognized on the inside, which corresponds exactly with the inten-
tion of creating clearly defined working areas.

Eva Guttmann wrote in Zuschnitt 18, 2005
Buildings under landmark preservation that were renovated and
refitted as part of a city development program and large open
spaces define the site on the grounds of the Reininghaus brewery,
whose operations were completely relocated. Hubert Rieß planned
two construction segments which were built over a period of one
and a half years. In keeping with the aim of making the building
the beginning of a 'founder's city,' it fulfills high constructive, building technology, interior innovation and sustainability requirements.
The guiding idea was the creation of autonomous basic units for
office, lab or workshop use that can be rented by start-up companies. An office measures approx. 80 m². Its infrastructure supply-
lines are housed in a prefabricated well, making it independent.
The size of the strut-free lab or workshop units in the solid part of
the building ranges from 50 m² to 200 m². A company can occupy
a number of units depending on its requirements, companies can
share equipment and personnel as well.
The strength of this system primarily lies in the flexible combination possibilities of almost any number of offices and the possibility of linking a number of modules to create office groups. This permits a large variety of room solutions and creates a rich, inspiring
work atmosphere. The energy concept meets low energy house
standards, particular attention was given to the avoidance of high
cooling energy requirements via modularly structured combined
floor heating and ceiling cooling systems. Energy consumption was
also reduced by encouraging user awareness. The heating and
cooling of every office can be controlled separately, the necessary
building technology elements are integrated in the vertical installation well. The extremely high degree of prefabrication and the
structural physics advantages were decisive for the decision to use

System von Fußbodenheizung und Deckenkühlung als auch auf einer Senkung des Energieverbrauchs durch entsprechendes Benutzerverhalten. Jede Büroeinheit kann heiz- und kühltechnisch separat angesteuert werden, die nötigen Haustechnikelemente sind im vertikalen Installationsschacht integriert.

[...] Entscheidend für den Einsatz der Holz-Modulbauweise waren neben dem extrem hohen Vorfertigungsgrad die bauphysikalischen Vorteile, welche den erhöhten Materialaufwand durch doppelte Wand- und Decken- bzw. Fußbodenaufbauten durchaus wettmachen.

Die Holzmodule wurden vom Architekten, der Holzbaufirma und dem Statiker in mehrjähriger gemeinsamer Arbeit entwickelt, auf Brand-, Wärme und Schallschutz (Luft- und Trittschallschutz) geprüft und optimiert. Sie bestehen aus mit GKF-Platten beplankten Kreuzlagenholz-Massivwänden, einer Dämmschicht, Winddichtungsfolie, Hinterlüftungsebene und einer unbehandelten Lärchenholzschalung, werden vollständig im Werk vorgefertigt und dann mit dem LKW verliefert. Die Boxen sind mit allen Anschlüssen, einer abgehängten Kühldecke, Fenstern, Fensterbänken und malerfertigen Gipskartonwänden ausgestattet. Aufgrund ihrer Größe wurden jeweils halbe Einheiten transportiert und erst auf der Baustelle aneinander gefügt.

Ein wichtiges Ziel – nicht zuletzt hinsichtlich einer Kostenoptimierung – war die Erfüllung der schalltechnischen Erfordernisse ohne wesentlichen konstruktiven Zusatzaufwand. Um jede Möglichkeit von Schallbrücken auszuschließen, sind die Einheiten horizontal und vertikal baulich so stark wie möglich voneinander entkoppelt. Die Module stehen punktuell auf Distanzhölzern mit genauestens einnivellierten Elastomerlagern. Zwischen unterer Decke und den Auflagern sorgen eine Trittschalldämmung und eine Weichfaserplatte für zusätzliche Masse und Elastizität. Eine großzügige Luftschicht, deren Stärke auch mit dem ebenen Anschluss an die Massivbauteile zusammenhängt, stellt eine weitere Barriere für etwaige Schallübertragungen nach unten dar. Zum Schallschutz zwischen den Wänden zweier Module wurde ein Mindestabstand von einem Zentimeter eingehalten. Diese knappe Luftschicht reicht aus, um den Anforderungen zu genügen und eine Schallpegeldifferenz von $DnT,w = 62dB$ zu erreichen. Zuletzt wurden die Winddichtungen über die vertikalen Fugen hinweg verklebt, ein Deckbrett verbirgt Ungenauigkeiten und strukturiert die lärchenholzverschalte Fassade formal, ebenso wie die horizontalen Schürzen, die jeweils auf Höhe der Geschossdecken als Witterungsschutz angebracht wurden.

Bereits bei 1:1-Modellversuchen im Werk konnte mit der Summe dieser Maßnahmen eine Schallpegeldifferenz erreicht werden, die auch den Anforderungen im Wohnbau entspricht. Erste entsprechende Projekte wurden bereits umgesetzt bzw. sind zur Zeit in Planung: Beim dreigeschossigen „Mehrfamilienhaus Sigmund" in Wien wurden auf ein massives Sockelgeschoss Holzmodule für insgesamt sechs Wohnungen gesetzt, die Wohnanlage „Mühlweg", ebenfalls in Wien, funktioniert ähnlich wie das Impulszentrum: An einen zentralen Stahlbetonkern, der Erschließung, Nasszellen und Küchen enthält, docken beidseitig Holzmodule an, die zu unterschiedlich vielen bzw. großen Wohnräumen zusammengeschlossen werden und ihrerseits noch Holzbalkone tragen. [...]

a wood modular construction. These factors compensated for the higher amount of construction materials needed for the double walls and ceilings and the floor surface structures. The wood modules were developed by the architect, the wood construction company and the statics specialist over a number of years. They were tested and optimized in terms of fire, heat and sound insulation protection (air and impact sound insulation). They are made using solid KLH-engineered wood walls reinforced with gypsum fiberboard panels, an insulation layer, windproofing foil, rear ventilation level and untreated larch cladding. The panels were finished completely at the factory and delivered by truck. The boxes are equipped with all necessary connections, a suspended cooling roof, windows, window ledges and ready-to-paint gypsum plasterboard walls. Half units were transported and assembled at the site due to their size.

The fulfillment of sound insulation requirements without additional constructive measures was an important aim, not least because of cost-effectiveness considerations. The units are as structurally uncoupled as possible, both vertically and horizontally to eliminate the possibility of acoustic bridges. The modules stand on individual wood spacers with precisely leveled elastomer buffer inserts. Impact sound insulation and a soft fiber panel provide additional mass and elasticity between the lower ceilings and spacers. A generous layer of air, whose thickness also depends on the level connection of the solid components, is another barrier for possible downward sound transmission. A minimum distance of one centimeter was kept between the walls of two modules for sound insulation. This slender air layer suffices to meet the requirements and achieve a sound level difference of $DnT,w = 62dB$. Finally, the windproofing seals were bonded along their vertical fugues and a covering panel conceals inaccuracies and gives the larch cladding of the façade its formal structure, as do the horizontal skirts, which were mounted along the intermediate floor level for weather protection.

The sum of these measures achieved a sound level difference that met residential construction requirements during tests on 1:1 models at the factory. The first corresponding projects have already been realized or are being planned: wood modules for a total of six apartments were set on a solid base course for the multifamily Sigmund House in Vienna. The Mühlweg residential project, also in Vienna, functions the same way as the impulse center: wood modules that can be linked to create many or different unit sizes dock on to a central reinforced concrete core that contains the access ways, wet rooms and kitchens. These modules are also capable of bearing the load of their own balconies.

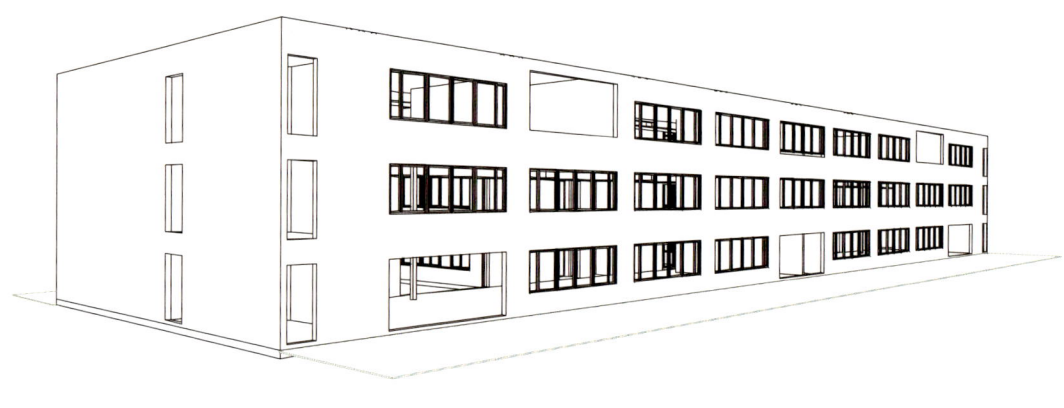

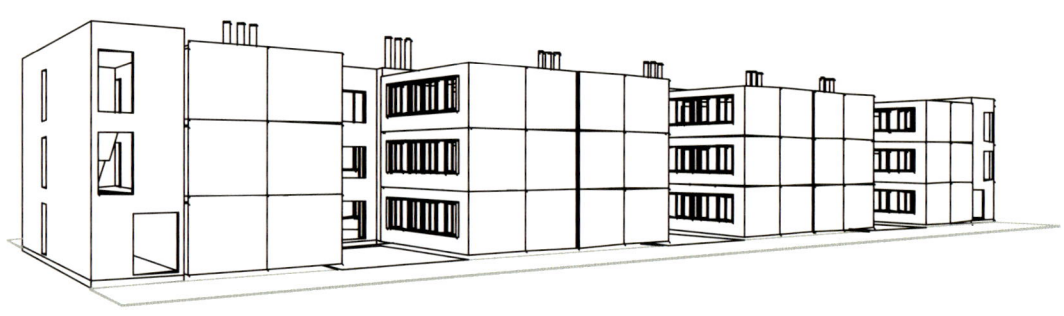

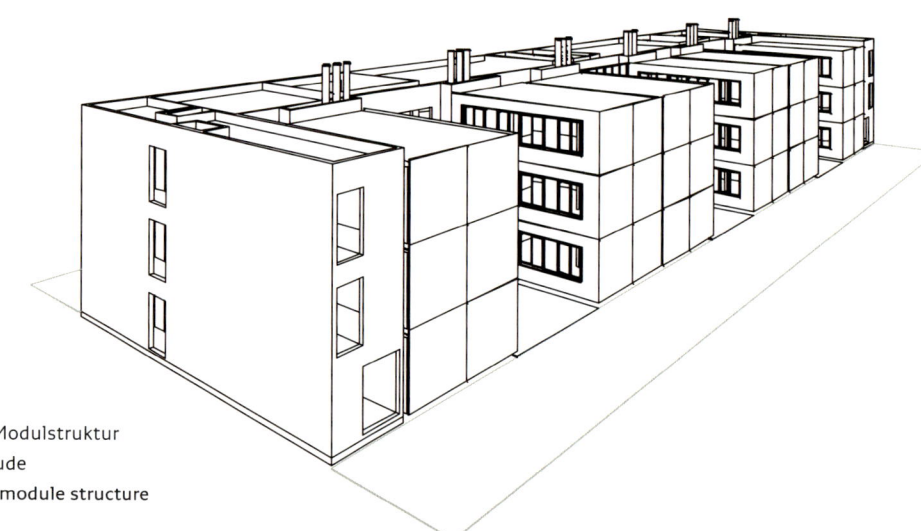

Drahtmodellsimulation von Modulstruktur
und massivem Rahmengebäude
Wire model simulation of the module structure
and solid frame building

Arbeitsmodell Baukörperstudie
Working model of a building volume study

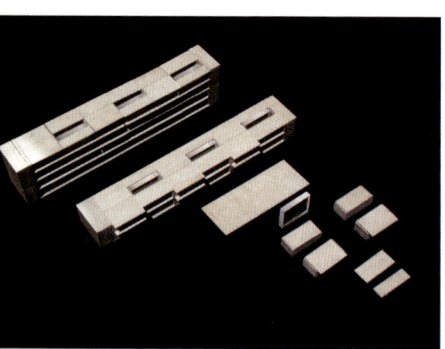 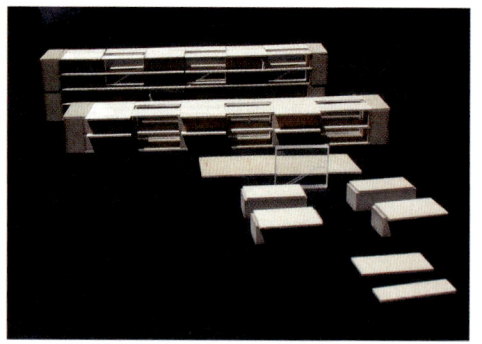 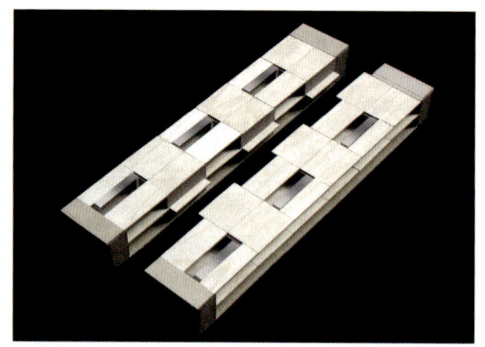

Schnittperspektive durch den Innenhof und die außen liegenden massiven Treppenhäuser
Section perspective of the inner courtyard and the solid staircases on the outside

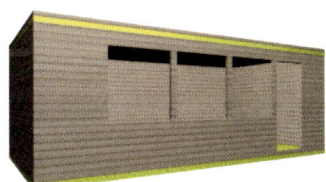

Geschlossene Raumzelle:
Unproblematische Statik
Guter Schallschutz durch große geschlossene Flächen
Raumflächen auf Konstruktionsmaß beschränkt
Erschließung nur auf Längsseite möglich

Closed room cell:
Unproblematic statics
Good sound insulation due to large closed surfaces
Room surfaces reduced to construction scale
Access only possible from the longitudinal side

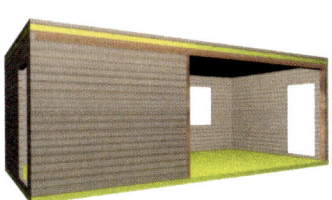

Raumzelle aufgelöst (Rahmen + Stütze):
Leichte Koppelbarkeit zu großen Raumzellen
Erschließung generell auf allen Seiten möglich
Eingeschränkte Stapelbarkeit in der Höhe
(Rahmen und Stütze sind schwächstes Glied)

Room cell dissolved (frame + stays):
Easy linking to large room cells
Access generally possible on all sides
Limited stacking height
(Frame and stays are the weakest link)

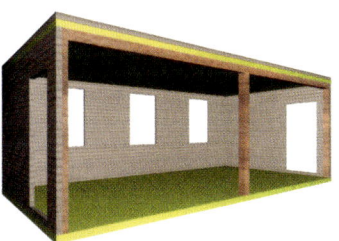

Raumzelle aufgelöst (Scheibe):
Unproblematische Statik
Guter Schallschutz durch große geschlossene Flächen
Erschließung generell auf allen Seiten möglich
Raumflächen auf Konstruktionsmaß beschränkt
Belichtung nur über Längsseiten

Room cell dissolved (disk):
Unproblematic statics
Good sound insulation due to large closed surfaces
Access generally possible from all sides
Room surfaces reduced to construction scale
Longitudinal lighting only

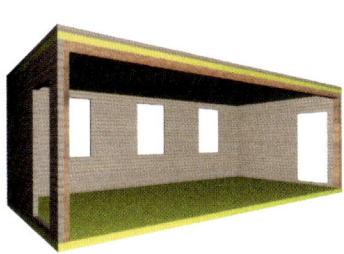

Raumzelle aufgelöst (Rahmen):
Leichte Koppelbarkeit zu großen Raumzellen
Erschließung generell auf allen Seiten möglich
Belichtung auf allen Seiten möglich
Eingeschränkte Stapelbarkeit in der Höhe
(Rahmen und Stütze sind schwächstes Glied)

Room cell dissolved (frame)
Easy linking to large room cells
Access generally possible on all sides
Lighting possible from all sides
Limited stacking height
(Frame and stays are the weakest link)

ADRESSE Graz-Eggenberg, Reininghausstraße 13/13a BAUTRÄGER Innofinanz-Steiermärkische Forschungs- und Entwicklungsförderungsgesellschaft m.b.H.
PLANUNG+BAUZEIT Planungsbeginn (1999) 2001, Bau September 2003–04 KENNGRÖSSEN BGF 4.336,67m² (Büro), BGF 4.844,56m² (Tiefgarage)
Grundstück 8.000m², Nutzfläche 6.909m², bebaute Fläche 4.845m², umbauter Raum 52.500m³ BAUKOSTEN € 11,5 Mio. MITARBEIT Frank M. Schulz,
Rainer Abele FACHLEUTE Statik DI Johann Riebenbauer; Haustechnik Büro Pickl; Baumeister Podlipnig Bau Ges.m.b.H.; Ausführung Kulmer, Pischelsdorf
PREIS Steirischer Holzbaupreis 2005, Preisträger Kategorie gewerbliche Bauten

ADDRESS Graz-Eggenberg, Reininghausstraße 13/13a CLIENT Innofinanz-Steiermärkische Forschungs- und Entwicklungsförderungsgesellschaft m.b.H.
PLANNING+CONSTRUCTION PERIOD planning as of (1999) 2001, construction as of September 2003–04 SPECIFIC SIZES gross floor area 4,336.67m³
(office), gross floor area 4,844.56m² (underground garage), site surface area 8,000m², effective area 6,909m², developed surface 4,845m², enclosed space,
52,500m³ CONSTRUCTION COSTS € 11.5 m STAFF Frank M. Schulz, Rainer Abele SPECIALISTS statics DI Johann Riebenbauer; building technology
Büro Pickl; builder Podlipnig Bau Ges. m.b.H.; completion Kulmer, Pischelsdorf AWARDS Steirischer Holzbaupreis 2005 (commercial building category)

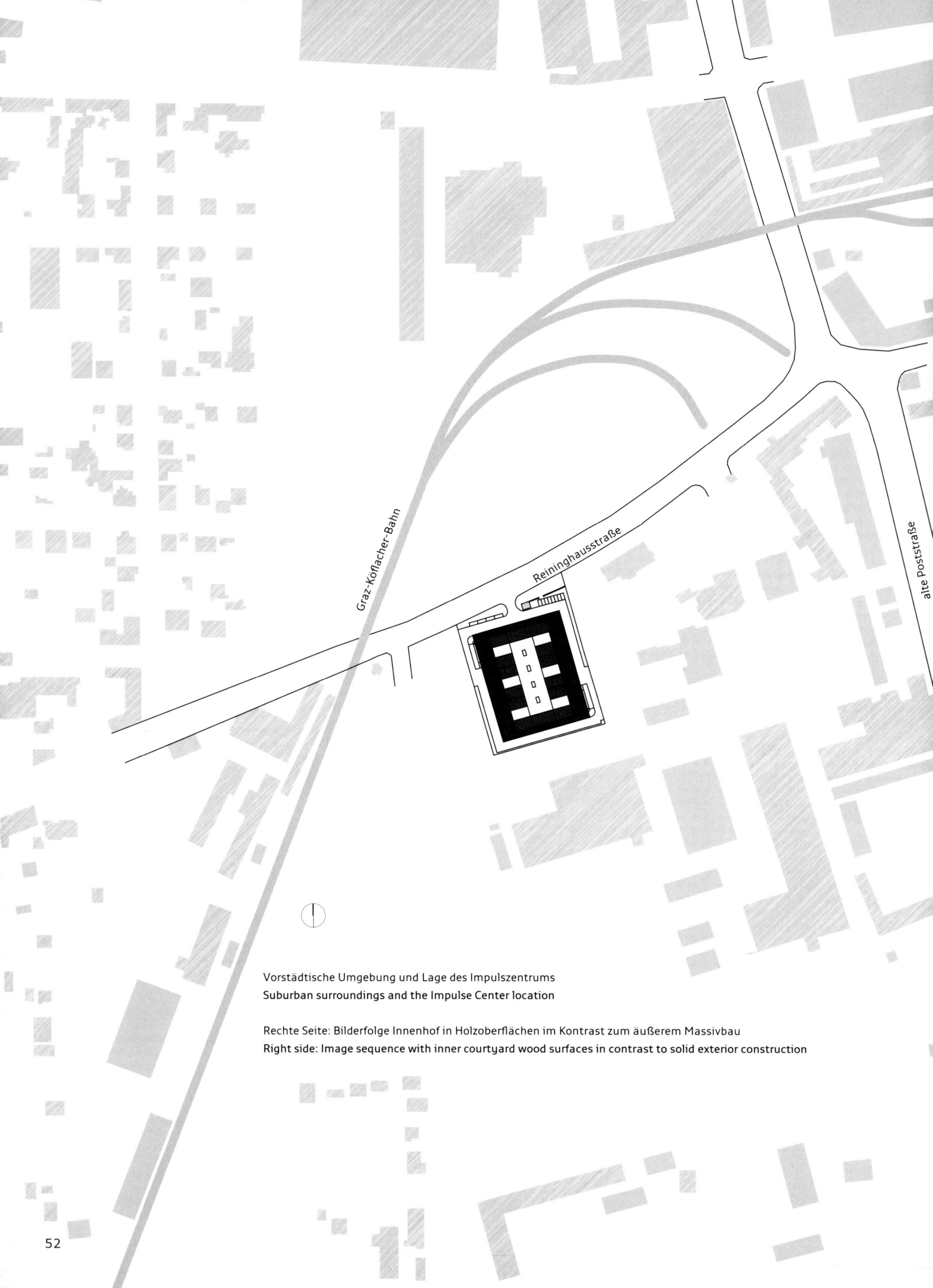

Vorstädtische Umgebung und Lage des Impulszentrums
Suburban surroundings and the Impulse Center location

Rechte Seite: Bilderfolge Innenhof in Holzoberflächen im Kontrast zum äußerem Massivbau
Right side: Image sequence with inner courtyard wood surfaces in contrast to solid exterior construction

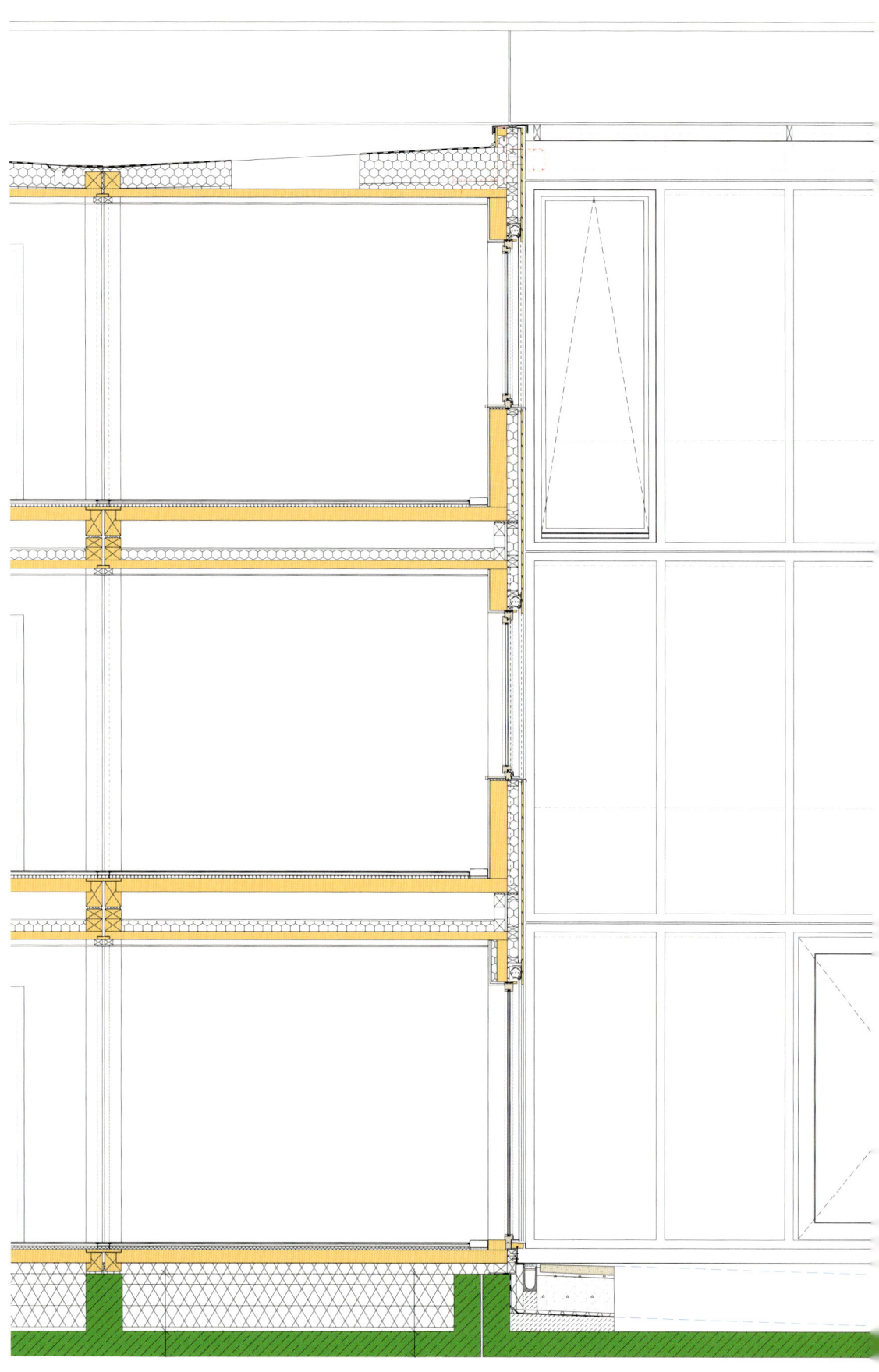

Schnitt durch Bürotrakte aus Holzmodulen
Section through wood module office tracts

Maßangaben in cm

5/15

+10,56

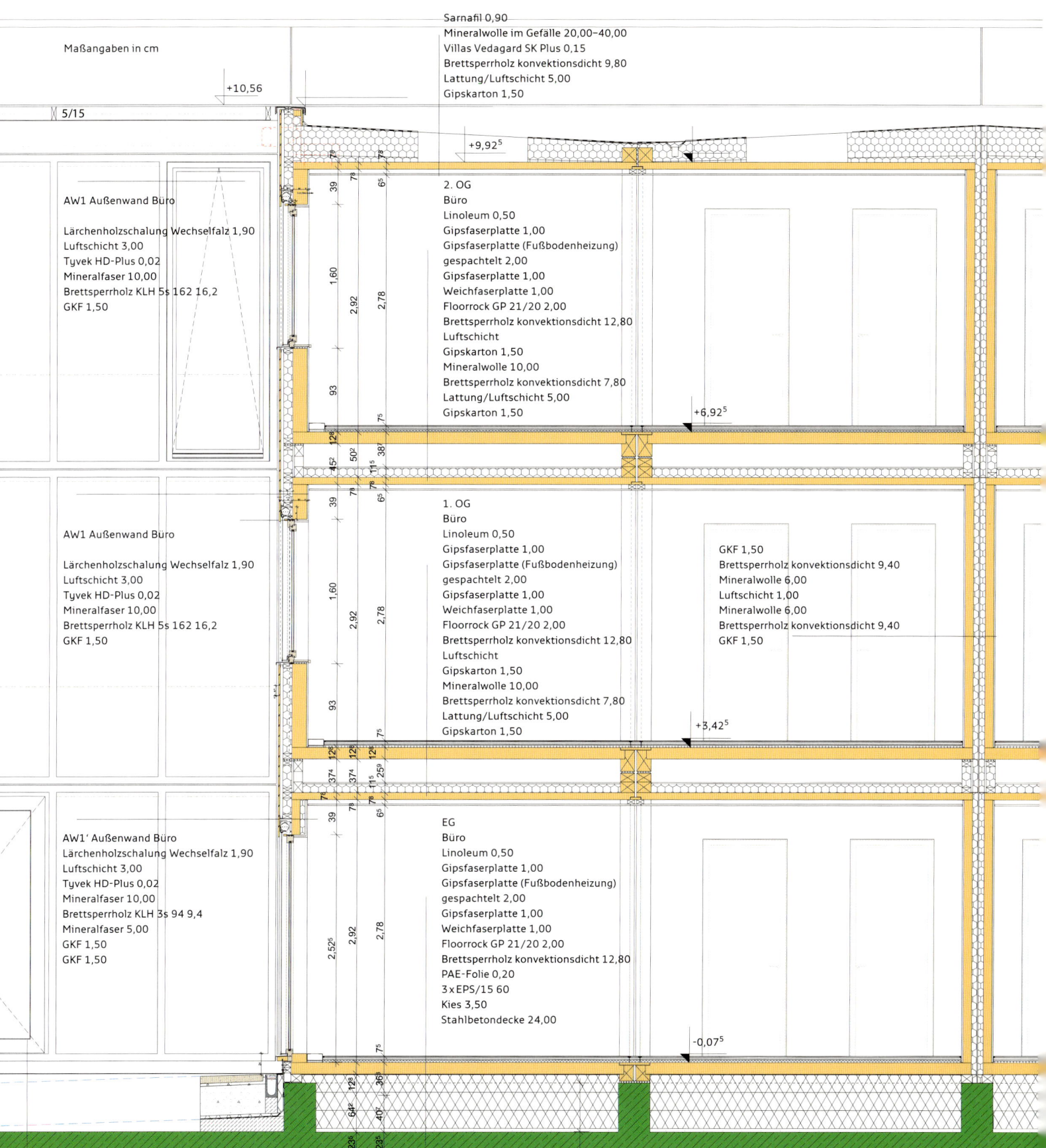

Sarnafil 0,90
Mineralwolle im Gefälle 20,00–40,00
Villas Vedagard SK Plus 0,15
Brettsperrholz konvektionsdicht 9,80
Lattung/Luftschicht 5,00
Gipskarton 1,50

+9,92⁵

AW1 Außenwand Büro

Lärchenholzschalung Wechselfalz 1,90
Luftschicht 3,00
Tyvek HD-Plus 0,02
Mineralfaser 10,00
Brettsperrholz KLH 5s 162 16,2
GKF 1,50

2. OG
Büro
Linoleum 0,50
Gipsfaserplatte 1,00
Gipsfaserplatte (Fußbodenheizung)
gespachtelt 2,00
Gipsfaserplatte 1,00
Weichfaserplatte 1,00
Floorrock GP 21/20 2,00
Brettsperrholz konvektionsdicht 12,80
Luftschicht
Gipskarton 1,50
Mineralwolle 10,00
Brettsperrholz konvektionsdicht 7,80
Lattung/Luftschicht 5,00
Gipskarton 1,50

+6,92⁵

AW1 Außenwand Büro

Lärchenholzschalung Wechselfalz 1,90
Luftschicht 3,00
Tyvek HD-Plus 0,02
Mineralfaser 10,00
Brettsperrholz KLH 5s 162 16,2
GKF 1,50

1. OG
Büro
Linoleum 0,50
Gipsfaserplatte 1,00
Gipsfaserplatte (Fußbodenheizung)
gespachtelt 2,00
Gipsfaserplatte 1,00
Weichfaserplatte 1,00
Floorrock GP 21/20 2,00
Brettsperrholz konvektionsdicht 12,80
Luftschicht
Gipskarton 1,50
Mineralwolle 10,00
Brettsperrholz konvektionsdicht 7,80
Lattung/Luftschicht 5,00
Gipskarton 1,50

GKF 1,50
Brettsperrholz konvektionsdicht 9,40
Mineralwolle 6,00
Luftschicht 1,00
Mineralwolle 6,00
Brettsperrholz konvektionsdicht 9,40
GKF 1,50

+3,42⁵

AW1' Außenwand Büro
Lärchenholzschalung Wechselfalz 1,90
Luftschicht 3,00
Tyvek HD-Plus 0,02
Mineralfaser 10,00
Brettsperrholz KLH 3s 94 9,4
Mineralfaser 5,00
GKF 1,50
GKF 1,50

EG
Büro
Linoleum 0,50
Gipsfaserplatte 1,00
Gipsfaserplatte (Fußbodenheizung)
gespachtelt 2,00
Gipsfaserplatte 1,00
Weichfaserplatte 1,00
Floorrock GP 21/20 2,00
Brettsperrholz konvektionsdicht 12,80
PAE-Folie 0,20
3 x EPS/15 60
Kies 3,50
Stahlbetondecke 24,00

-0,07⁵

Die Baustelle als Montagestelle · Herstellung, Transport und Fügung von Holzmodulen
The construction site as the assembly site · Production, transportation and joining of wood modules

Aus der Perspektive von Bauphysik und Haustechnik kommentiert DI Heinz Ferk vom Labor für Bauphysik, Institut für Hoch- und Industriebau der TU Graz

Anwendung im Impulszentrum Reininghauspark in Graz

Durch die guten Ergebnisse der entwickelten Aufbauten konnte in der Folge die Modulbauweise z.B. für die Errichtung des Projekts Impulszentrum Reininghausgründe in Graz eingesetzt werden. Das intelligente architektonisches Konzept aus zwei parallelen dreigeschossigen Baukörpern, aufgebaut auf einer Tiefgarage, dockt an die an einer Seite der zentralen Erschließungsgänge angeordneten Versorgungsschächte die Module an, an der anderen Seite befinden sich Laborräume aus Stahlbeton-Fertigelementen. Die zentralen Erschließungsgänge dienen auch der horizontalen Leitungsstruktur, während die vertikale Leitungserschließung über den Doppelmodulen zugeordnete Vertikalschächte erfolgt. Die Module finden dabei als Doppelelement Verwendung, so dass die daraus hergestellten Büroräume über die Modulgröße hinausgehende Flächen erreichen können. Die Module wurden in einer Fertigungshalle samt Fassade, Fenster- und Türelementen vorgefertigt und auf die Baustelle transportiert. An der Baustelle erfolgte das Aufstellen und Andocken der Module an die Versorgungsschächte bzw. den Verbindungsgang mit einem Mobilkran. Für die Decke der Module wurde eine leicht abgehängte Decke als Kühldecke entwickelt, die dafür vorgesehenen Kühlelemente wurden ebenfalls bereits in der Vorfertigung eingebaut.

DI Heinz Ferk from the lab of the institute for building and industrial construction at the TU Graz commented from the perspective of structural physics and building technology:

Application in the Reininghauspark Impuls Center, Graz

The good results the developed structures achieved in testing made it possible to use modular construction technology for the Reininghausgründe Impulse Center project in Graz, for example. The intelligent architectural concept consists of two parallel, three-level building structures built over an underground garage that dock on to the supply wells on one side of the central access hallway with the prefabricated reinforced concrete lab rooms on the other side. The central access hallways also serve as channels for the horizontal supply line structure, while the vertical supply lines are in the access way vertical wells. The modules are double-function elements, so the office surface that can be created with them can reach beyond the module size. The modules were prefabricated in an assembly plant and completely equipped with façade, window and door elements before being transported to the construction site. The modules were assembled and docked on to the supply wells and connecting hallway at the site using a mobile crane. A slightly suspended ceiling with core cooling was developed for the module ceilings. The cooling elements were also built in during prefabrication.

Vertikale Versorgungsschächte ("Backbones"). Je zwei Module ergeben dabei einen Raum, wodurch die Flexibilität über das vorgegebene Modulmaß hinaus verdoppelt wird.
Vertical supply wells ('backbones'). Two modules equal one room, which doubles flexibility to twice the size of the modules.

Innenansicht eines aus zwei Modulen hergestellten Raumes mit Kühldecke und Fußbodenheizung
Interior view of a room made with two modules with core-cooled ceiling and floor heating

Vor Fertigstellung des Fassadenschlusses ist die Modulstruktur von außen noch erkennbar.
The module structure is still recognizable on the outside before façade completion.

Ergänzt mit einer intelligenten Fassadengliederung, die auch einen Witterungsschutz darstellt (bei umlaufender Anordnung kann auch ein geschoßübergreifender Brandüberschlag wirksam hintangehalten werden, wie Versuche gezeigt haben), sowie mit einer wirksamen Beschattung der großflächigen Verglasungen (wodurch die Kühllast des Gebäudes wesentlich reduziert wird) wird aus dem Gebäudemodul ein Modulgebäude, das durch die Homogenität der Flächen nur mehr dem wissenden Betrachter seine Bauweise erkennen lässt. In dieser Bauweise kann Nachhaltigkeit in mehreren Stufen realisiert werden: Zum einen ist das Material der Module selbst aus einem nachwachsenden CO_2-Speicher, die Module sind ebenso einfach zerlegbar, wie das daraus montierte Modulgebäude. Durch die Führung der Versorgungsleitungen in einer gesonderten Vertikalerschließung ist auch ein Austausch von haustechnischen Komponenten einfacher möglich. Nicht zuletzt werden durch die gute Wärmedämmung, die Gebäudeanordnung (Hofbildung) und die Verschattung Heiz- und Kühlbedarf reduziert. Intelligenter Modulbau – ein innovatives Konzept für die Zukunft nachhaltigen Bauens! Mit dem intelligenten Holz-Modulbau hat sich eine Bautechnik verfeinert, welche die klassischen Vorteile der Präfabrikation (hoher Präzisionsgrad – effiziente Baustelle etc.) mit neuen Anforderungen des langfristigen Wirtschaftens (Nachhaltigkeit) erfolgreich kombinieren kann.

Effective shadowing of the large glass surface helps reduce the cooling requirements considerably. It can be achieved with intelligent façade structuring, which also acts as weather protection. (Testing has shown use on the entire building can be an effective fire-retarding measure.) The façade makes the building module a module building whose homogeneous surfaces conceal its building method to all except those in the know. Sustainability can be achieved at a number of levels with this construction technology: The material of the modules themselves are a renewable CO_2 storehouse, the modules are easy to dismantle, as is the assembled module building. Leading the supply lines through a separate vertical access well makes it easier to exchange building technology components. This also ultimately leads to good heat insulation due to the building alignment (courtyard design) and the shadowing, which reduces heating and cooling expenses. Intelligent modular construction – an innovative concept for the future of sustainable construction! Intelligent modular construction refined a type of building technology that can successfully combine the classical advantages of prefabrication (high degree of precision – efficient construction site, etc.) with the new requirements of long-term economic considerations (sustainability).

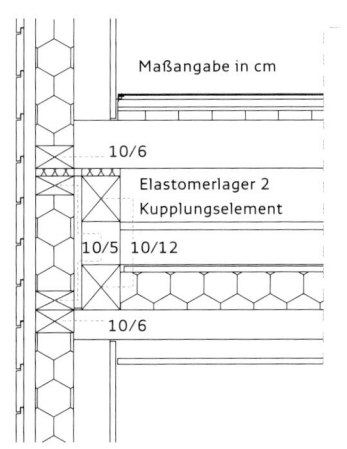

Maßangabe in cm

10/6

Elastomerlager 2
Kupplungselement

10/5   10/12

10/6

Linoleum 0,50
Gipsfaserplatten 1,00
Gipsfaserplatten (Fußbodenheizung) 1,80
Gipsfaserplatten 1,00
TDP 25/25 2,50
Brettsperrholz konvektionsdicht 12,80
Luftschicht
Gipskarton 1,50
Mineralwolle 10,00
Brettsperrholz konvektionsdicht 7,80
Lattung/Luftschicht 5,00
Gipskarton 1,50

Querschnitt Elementstoß
Cross section showing the joint of two elements

Das erste Haus · Gemeinschaftlich aufgerichtetes Ständerwerk · Einfamilienhaus
für Dietmar Rieß, Steyr-Kürnberg 1972/73
The first house · Jointly raised strut frame · Single-family house for Dietmar Rieß,
Steyr-Kürnberg 1972/73

Bauerwartungsland · Rodungsgebiet zum Projekt Impulszentrum Zeltweg
Planned building site · Area leveled for the Zeltweg Impulse Center

dwelling in the transitory

heimatim

ansitorischen

from folded
planes to
stacked units

von
flächenfugen
zum
umbau

Modell und Skizzen zur Siedlung Allerheiligen bei Wildon, Realisierung 1990–92
Models and sketches for the Allerheiligen near Wildon development, realized 1990–92

Um eine neue Gasse

Wien, Wohnungsbau Spöttlgasse Mehrgeschossiger Wohnbau in Holz-Massivbauweise, 2003–05

Verlässt man Wien auf der Prager Straße nach Norden, so bietet sich das Bild eines vorstädtischen oder vorländlichen Patchworks. Die typische transdanubische Mischung lässt manchmal noch Dorfkerne erkennen, dazwischen türmen sich Siedlungskonzentrate der letzten Jahrzehnte, abwechselnd mit Großmärkten und neuen Gewerbezonen. Die daneben immer noch landwirtschaftlich genutzten Flecken und Gärtnereien markieren das langsame Auslaufen der Großstadt in die Ebene des Marchfelds. In dieser Atmosphäre der Peripherie muss eine neue Wohnansiedlung ihr eigenes, autarkes Milieu schaffen. Was man mit Adressenbildung umschreiben kann, war für die räumliche Figuration der rund 150 geförderten Wohnungen entscheidend. Eine „Neue Spöttlgasse" ist nun das Rückgrat einer Häusergruppe am Floridsdorfer Ortsrand. Entlang dieser Fußgängerstraße auf dem Niveau des ersten Obergeschosses reihen sich an beidseitigen Laubengängen vier Wohnetagen, überwiegend als Maisonetten angelegt, die mit Terrassen oder Gärten die guten Eigenschaften kleiner Reihenhäuser anbieten. Um einen eigenen kleinen Siedlungsraum über die dominierende Binnengasse hinaus zu formen, stellen sich zwei weitere Zeilen senkrecht dazu und schirmen gegen die Nordwestbahn und den Straßenraum ab. Was sich dazwischen als Mietergärten, Gemeinschafts- und Spielflächen um die Anlage legt, gehört den Bewohnern. Die Autos verschwinden im Keller unter der „Neuen Spöttlgasse".

Holz als flächigen Baustoff einzusetzen, war hier von Anfang geplant. Es war sogar die Startmotivation für dieses Projekt, welches die Mehrgeschossigkeit im Holzwohnbau für die Stadt Wien salon- und vor allem bauordnungsfähig machen sollte. So gestattet die Wiener Bauordnung, abgestimmt auf das Spöttlgassen-Projekt, erst ab ihrer novellierten Ausgabe vom Januar 2001 Holzwohnbauten bis zu einer Höhe von vier Geschossen, d.h. drei Hauptgeschossen und einem Dachgeschoss auf einem aus nicht brennbaren Baustoffen bestehenden Sockelgeschoss. Prüfungspunkte dieser Bautechnik sind nicht nur die Belastung durch Aussteifungskräfte, die sich auch auf Erdbebenlasten anwenden lassen müssen, sondern auch hohe Brandschutzanforderungen sowie verträgliche Schallschutzwerte zwischen den Wohnungen. Die Kombination von Holzbauelementen mit Massivbauteilen erfüllt einerseits technische Ansprüche – nicht nur das Erd- und Garagenkellergeschoss, auch Treppenhäuser sind in Stahlbeton gefertigt. Die massiven Bauteile suchen ebenso ihre architektonische Rolle im Gesamtauftritt der Anlage, indem sie bildhaft stabilisierend den Sockel und die Rahmenstruktur der Laubengänge übernehmen.

Wo dem Projekt ein Kompromissweg beschieden war, zeigt sich am nicht immer sichtbaren tragenden Werkstoff Holz. Außer bei den Terrassenvorbauten verschwinden die Schichtplatten unter Wandverkleidungen – innen hinter Gipskarton und im Außenbereich unter einem mineralischen Wärmedämm-Verbundsystem. Hier stieß das Kreuzlagenholz aus Kostengründen an seine Grenzen. Angesichts des zu erfüllenden Niedrigenergie-Standards waren Hüllmaßnahmen notwendig. Sie reduzieren die Holztafelkonstruktion auf die Funktion des unsichtbar tragenden Kerns, nehmen ihr also die Chance, als Material Auskunft über eine neuartige Tragekonstruktion zu geben. Die Vorteile des holzbautechnischen Rohbauverlaufs, die sich aus der Präfabrikation und der

For a New Street

Vienna, Residential Project Spöttlgasse Wood/solid construction multilevel residential project, 2003–05

A patchwork of suburban or countrified areas meets the eye when you leave Vienna heading north on Prager Straße. Village centers can still be recognized in the area's typical Transdanubian mix, which is punctuated with residential project concentrations as well as large retail centers and new commercial facilities. The neighboring patches of land still used for agricultural cultivation and gardening are the areas in which the city slowly fades into the Marchfeld planes. A new residential project has to create its own, self-sufficient milieu within this peripheral suburban atmosphere. The concept of 'building an address' was decisive for the spatial figuration of the 150 subsidized apartments. The 'new Spöttlgasse' is the backbone of a housing group along the borders of Floridsdorf. Four residential floors which were mainly designed as maisonettes with terraces or gardens offer the good features associated with small row houses. They rise upwards from the first floor level of the project. It features sheltered walkways that were set on both sides and is located on a pedestrian street. Two additional vertical rows were built to create a small settlement space that extends beyond the dominating interior alley and protect the project from the northwest railway line and the road. The rented gardens, community and playground spaces surrounding the project belong to the residents. The cars disappear into the cellar under the 'new Spöttlgasse.'

The large-scale use of wood as a construction material was planned from the beginning. It was even the main motivation for this project, which was meant to make the use of wood in multilevel construction acceptable – and most of all to prove that it can comply with Vienna building code requirements. The Vienna building code only allowed for wood construction up to a height of four floors in its amended January 2001 version, i.e. it became possible to build three main levels and an attic level with wood components on a base course built with non-flammable materials. The areas which required testing in this construction method were the stress created by bracing forces that apply to earthquake stress, as well as the high fire protection requirements and acceptable sound insulation levels between the apartments. The combination of wood construction elements with solid components fulfills technical requirements – both the ground and garage/cellar levels are made of reinforced concrete. The solid construction components also play a role in the overall appearance of the project by giving the base and frame structure's visual as well as structural stability.

A compromise in the project was the not always visible use of wood as a load-bearing element. Laminated panels disappear behind wall cladding. On the inside it is used behind gypsum plasterboard and behind a combined mineral insulation system on the outside. The only exception is the visible use of wood in the projecting terrace structures. Cost limited the use of KLH-engineered wood in this case. Cladding was needed to meet the low-energy housing requirements. Wood is reduced to its function as an invisible load-bearing core, stripping it of the ability to be seen as a material used in an innovative load-bearing structure. However, the advantages of wood construction technology in raw construction, its prefabrication and the exact onsite fitting of pre-assembled and pre-installed wood panels is evident. Projects such as Spöttlgasse clearly show the new possibilities and the limits still set for prefabricated wood construction.

exakten Fügung von vormontierten und vorinstallierten Holztafel-elementen vor Ort ergeben, konnten sich dennoch gleichermaßen erweisen. An Projekten wie der Spöttlgasse haben sich gleichzeitig neue Möglichkeiten und die immer noch gesetzten Grenzen im vorgefertigten Holzbau verdeutlicht. Im zeitlich darauf folgenden Bauvorhaben Mühlweg konnte auf diese Erfahrungen aufgebaut werden. Dort begann schon früh die bewusste Integration von Massivbauteilen, die dem Holzbau die sensiblen Hauspartien abnehmen, wie Fluchtwege und Treppenhäuser oder hoch installierte Elemente.

The Mühlweg project that followed profited from this experience. This can be seen in the deliberate integration of solid construction components, which are used as a wood replacement in sensitive areas, such as escape ways and staircases or high installed elements.

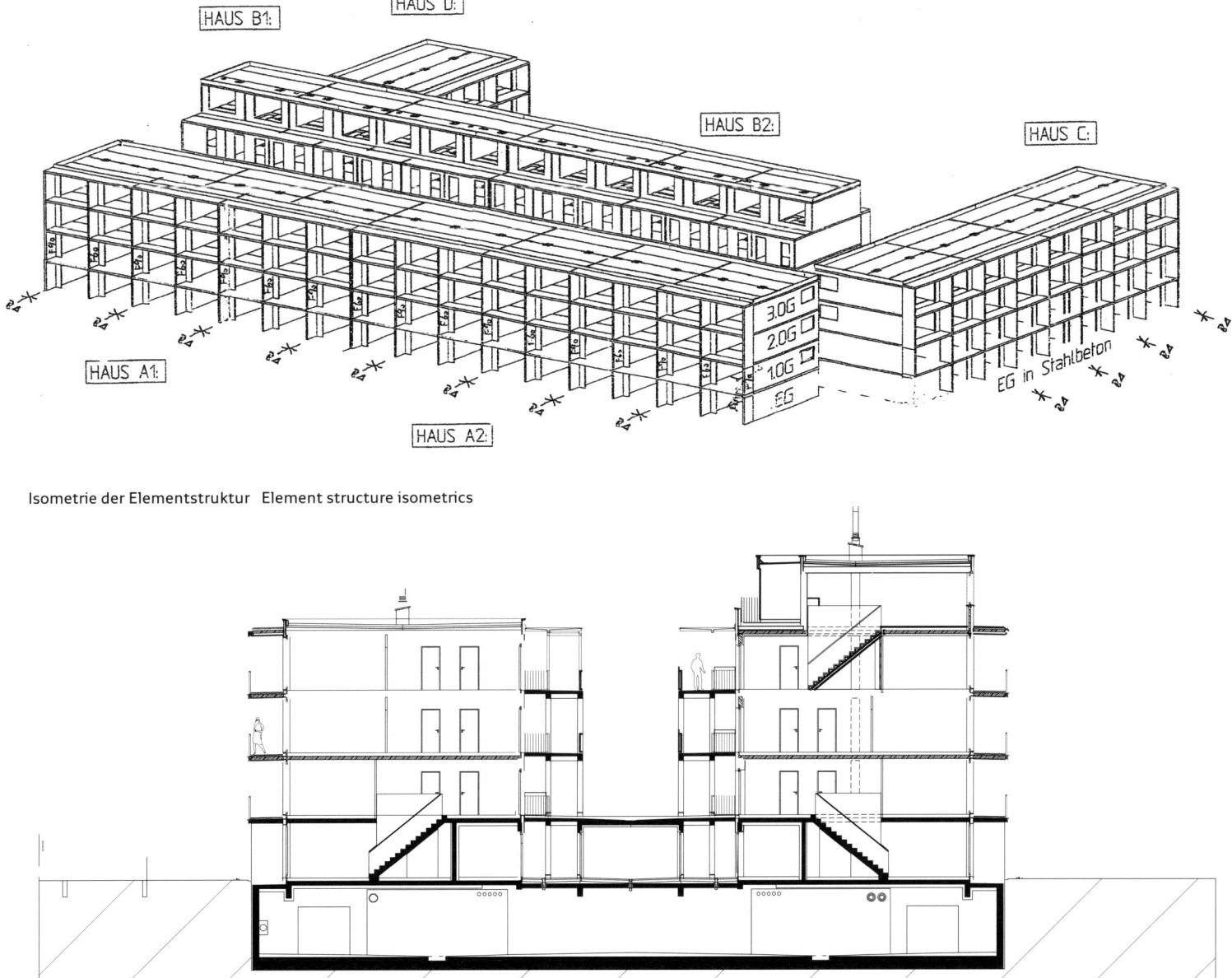

Isometrie der Elementstruktur   Element structure isometrics

Regelquerschnitt durch die innere Gasse   Standard cross section through interior alley

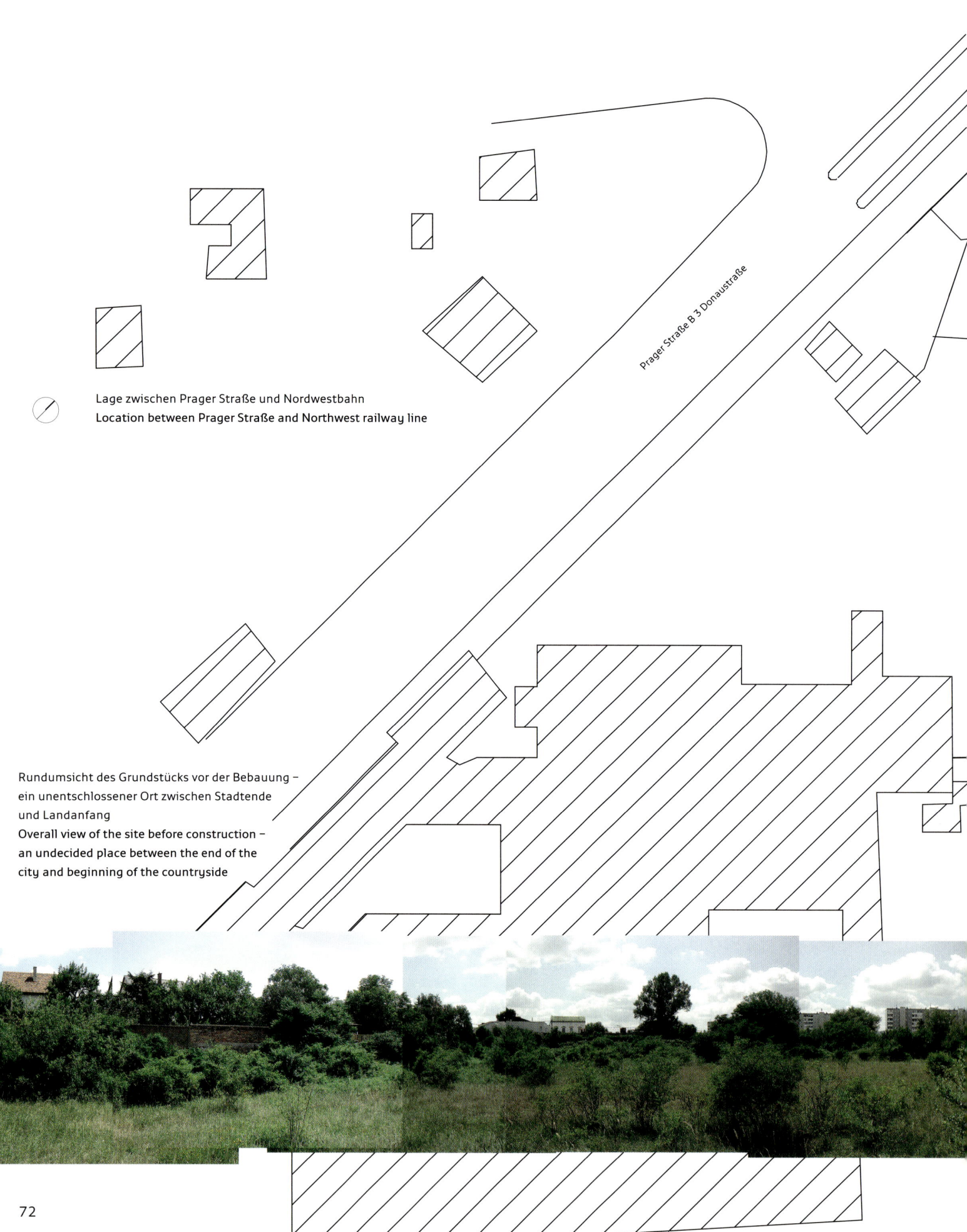

Lage zwischen Prager Straße und Nordwestbahn
Location between Prager Straße and Northwest railway line

Prager Straße B 3 Donaustraße

Rundumsicht des Grundstücks vor der Bebauung –
ein unentschlossener Ort zwischen Stadtende
und Landanfang
Overall view of the site before construction –
an undecided place between the end of the
city and beginning of the countryside

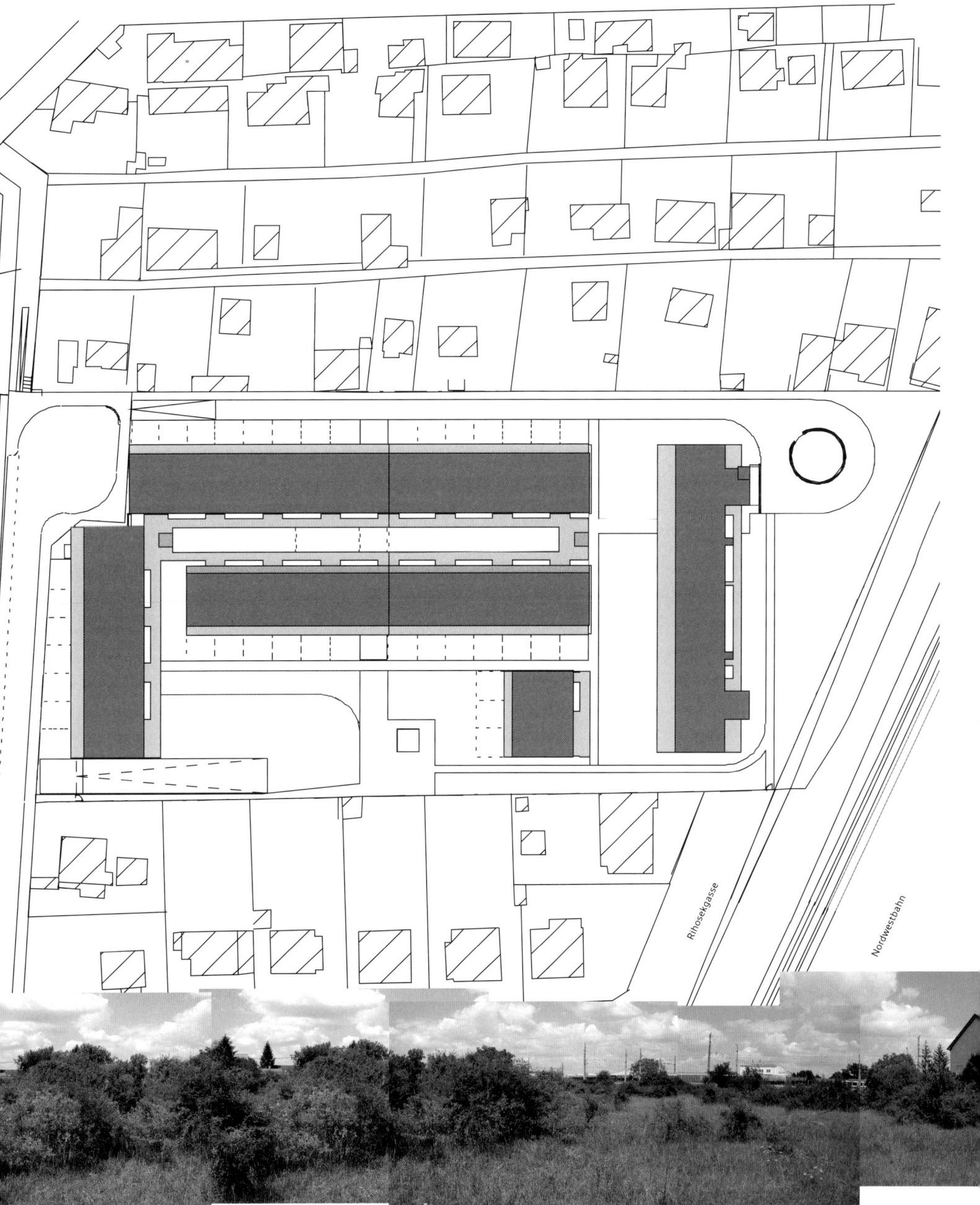

Rihosekgasse

Nordwestbahn

Mietergärten der Erdgeschossmaisonetten halten Abstand zur Gemeinschaftswiese.
Tenant gardens of the ground level maisonettes at a distance to the community park.

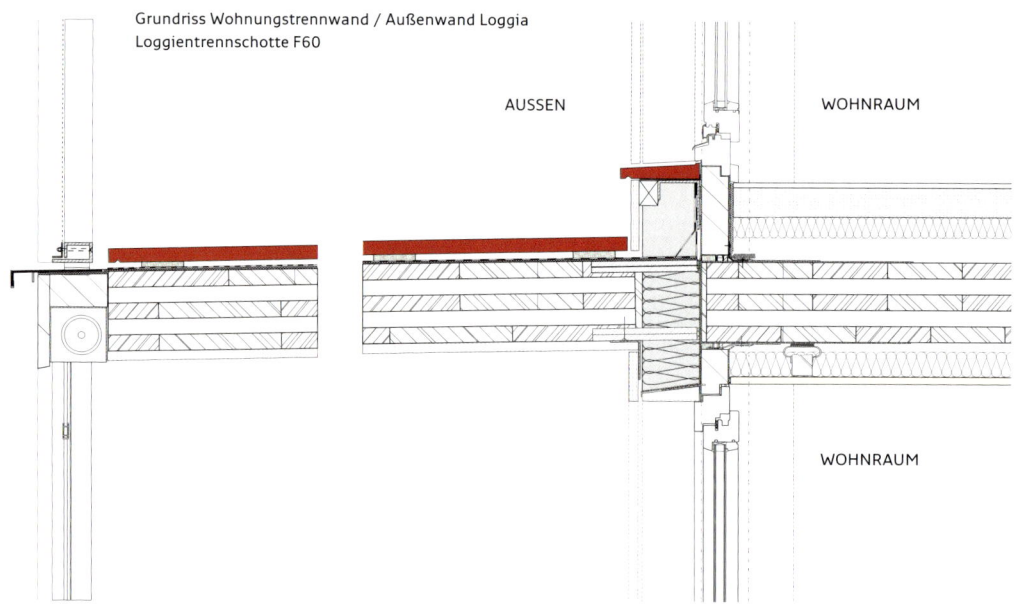

Grundriss Wohnungstrennwand / Außenwand Loggia
Loggientrennschotte F60

AUSSEN

WOHNRAUM

WOHNRAUM

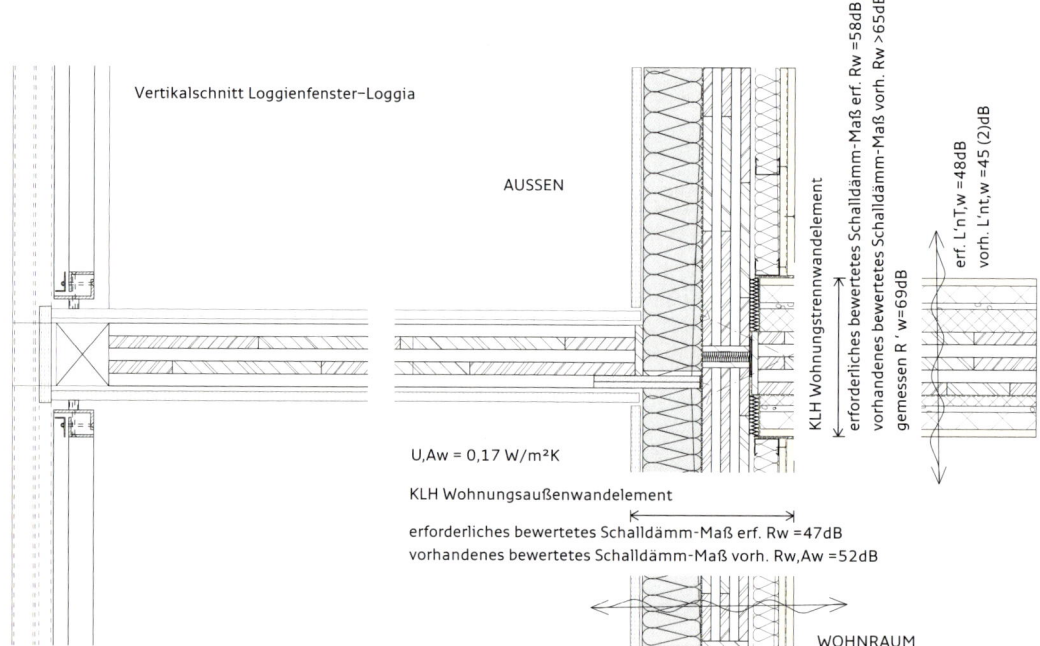

Vertikalschnitt Loggienfenster–Loggia

AUSSEN

U,Aw = 0,17 W/m²K

KLH Wohnungsaußenwandelement

erforderliches bewertetes Schalldämm-Maß erf. Rw =47dB
vorhandenes bewertetes Schalldämm-Maß vorh. Rw,Aw =52dB

KLH Wohnungstrennwandelement

erforderliches bewertetes Schalldämm-Maß erf. Rw =58dB
vorhandenes bewertetes Schalldämm-Maß vorh. Rw >65dB
gemessen R' w=69dB

erf. L'nT,w =48dB
vorh. L'nt,w =45 (2)dB

WOHNRAUM

Leitdetails der Elementverbindungen · KLH-Elemente als massiver Kern
Key element joining details · KLH elements as the solid core

Vertikalschnitt Wohnungstrenndecke
Außenwand Eingang

WOHNRAUM   AUSSEN

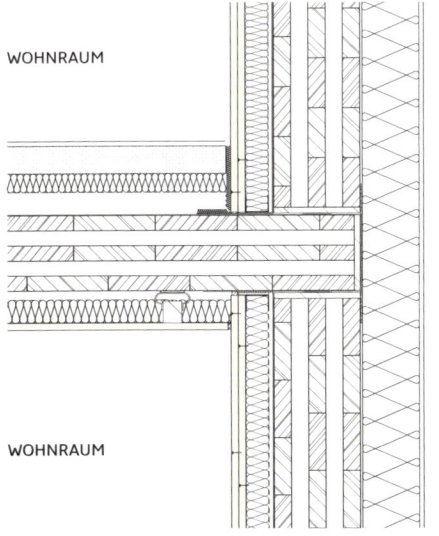

WOHNRAUM

Grundriss Wohnungstrennwand
Außenwand Eingang

WOHNRAUM   AUSSEN

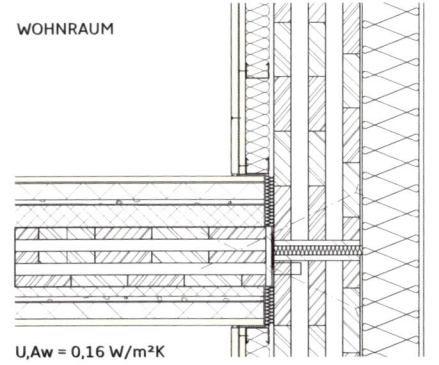

U,Aw = 0,16 W/m²K
KLH Wohnungsaußenwandelement

erforderliches bewertetes Schalldämm-Maß erf. Rw =47dB
vorhandenes bewertetes Schalldämm-Maß vorh. Rw (C; Ctr) =64 (–2; –7) dB
U,Aw = 0,16 W/m²K

Montagephasen der KLH-Tafelelemente
KLH panel element assembly phase

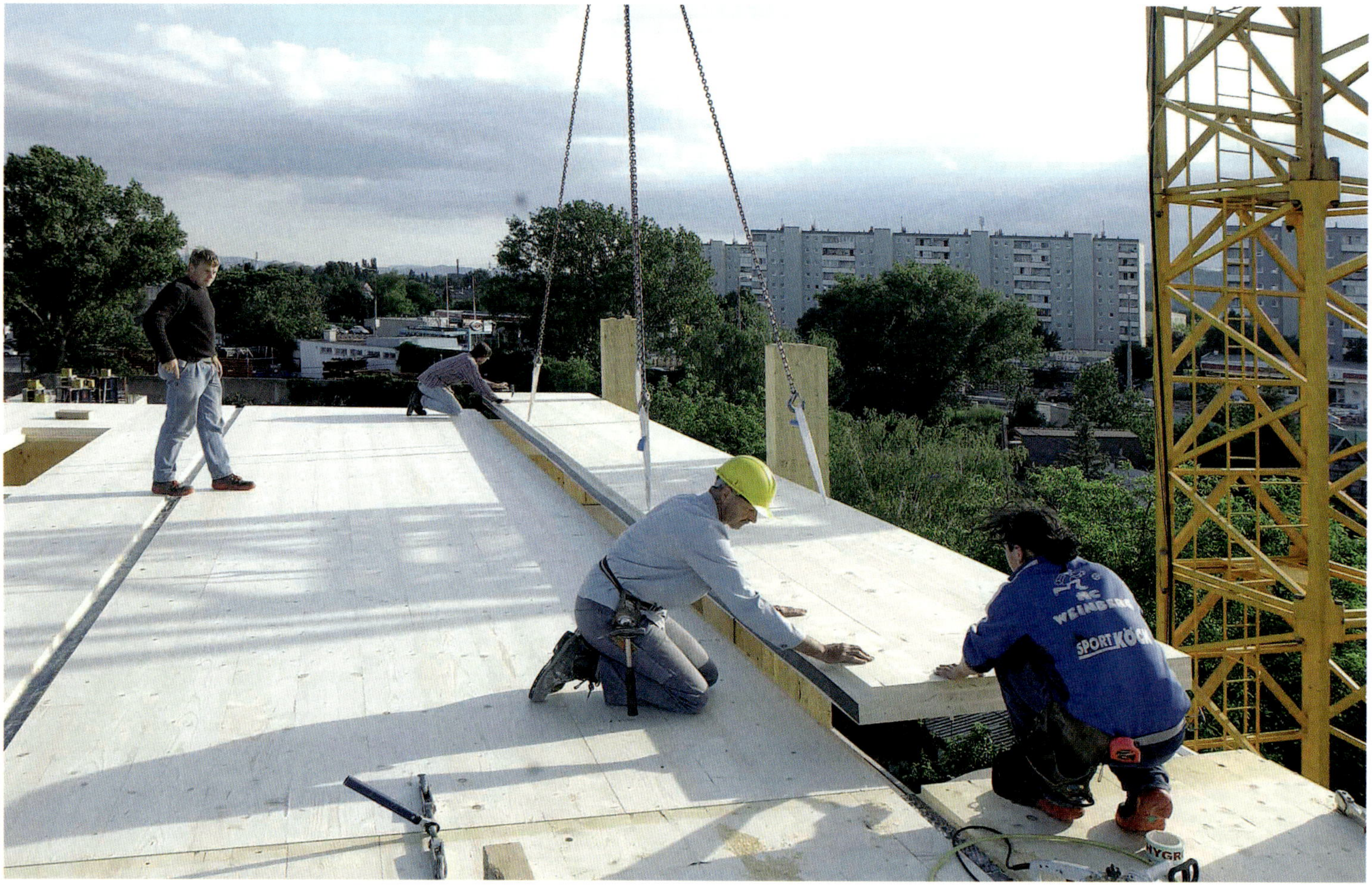

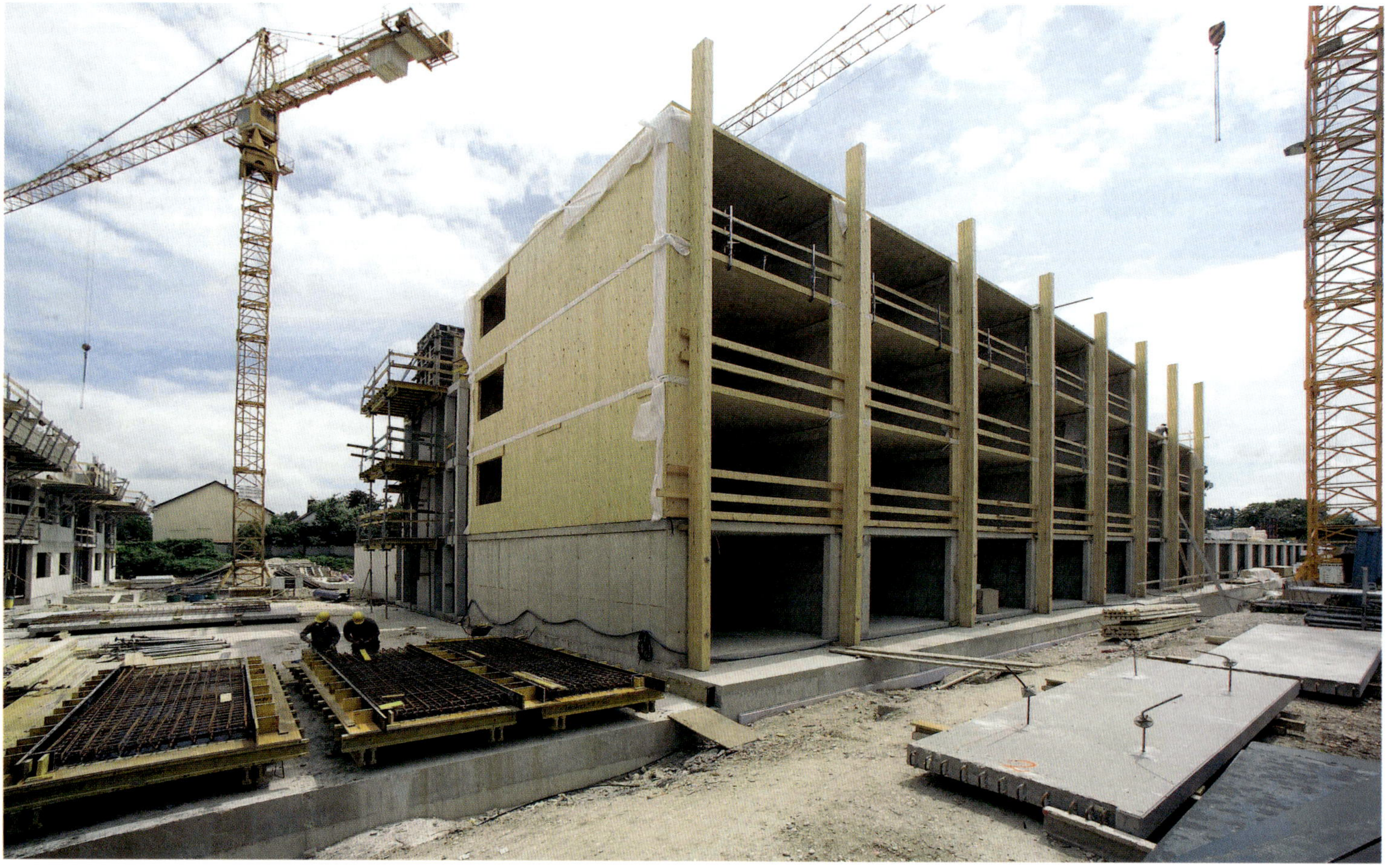

Lage im Siedlungs- und Gewerbegemisch am Wiener Stadtrand · Luftbild
Location within the mix of residential and commercial developments on the edge of Vienna · Aerial view

Ein Deckenelement wird eingesetzt.
A ceiling element is inserted.

Bauzustand mit fertig gestellten Balkon-Schotten · Laubengänge zur inneren Gasse
Structural condition with completed balcony dividers · Sheltered walkways leading to the interior alley

Rohbau mit massivem Sockelgeschoss
Raw construction with solid base course

ADRESSE Wien 22, Spöttlgasse 7 BAUTRÄGER Familie – Gemeinnützige Wohn- und Siedlungsgenossenschaft reg. Gen.m.b.H., Wien PLANUNG+BAUZEIT Planungsbeginn 1999, Bau 2003–05 KENNGRÖSSEN Bebaute Fläche 4.285 m²; Wohnnutzfläche 12.375 m², davon Holzbau 8.847 m²/112 WE; Massivbau 3.526 m²/42 WE BAUKOSTEN ca. € 15 Mio. MITARBEIT Thomas Gomilschak, Christoph Romer FACHLEUTE Statik Dr. Woschitz, Wien; Haustechnik Bernhard Hammer, Graz; Bauphysik DI Heinz Ferk, Graz; Holzbau Firma Kulmer Holz-Leimbau, Pischelsdorf und KLH Massivholz GmbH, Katsch/Mur PREIS wienwood 05 (proHolz Austria) – Preisträger 2005

ADDRESS Vienna, 22nd district, Spöttlgasse 7 CLIENT Familie – Gemeinnützige Wohn- und Siedlungsgenossenschaft reg. Gen.m.b.H., Wien PLANNING+ CONSTRUCTION PERIOD start of planning 1999, construction 2003–05 SPECIFIC SIZES developed surface 4,285 m²; total residential surface 12,375 m², wood RS 8,847 m²/112 RU; solid construction RS 3,526 m²/42 RU CONSTRUCTION COSTS ca. € 15 m STAFF Rainer Abele, Thomas Gomilschak, Christoph Romer EXPERTS statics Dr. Woschitz, Wien; building technology Bernhard Hammer, Graz; structural physics DI Heinz Ferk, Graz; wood construction Kulmer Holz-Leimbau, Pischelsdorf und KLH Massivholz GmbH, Katsch/Mur AWARDS wienwood 05 (proHolz Austria) – award winner 2005

Die Loggienfassade gibt jeder Wohnung ein großes begehbares Außenmöbel und einen hölzern gerahmten Ausblick.
The loggia façade gives each apartment a large accessible outer furniture element and a wood-framed view of the outside.

In hölzerner Gesellschaft

Wien, Mühlweg Wohnungsbau in Holz-Massiv-Mischbauweise 2004–07

Wie in einem Lehrbuch für Siedlungsformen stoßen auf dem Grundstück am Mühlweg Epochen aufeinander. Im Wiener Norden am Marchfeldkanal schloss das Stadtgebiet bisher mit einer rigiden Zeilenbaukante der Sechzigerjahre ab. Nach einem Bauträgerwettbewerb 2004, dessen Vorgabe der Einsatz von Holzbau- und Holzmischbauweisen war, teilen sich die drei Sieger schließlich das Gesamtgrundstück und setzen drei verschiedene städtebauliche Stempel nebeneinander. Zwischen den vier Stadtpalazzi von Dietrich|Untertrifaller und einer aufgelösten Hofrandbebauung von Kaufmann&Kaufmann schiebt sich die gegliederte Reihe aus drei parallelen und gegeneinander versetzten Zeile-Punkt-Paaren aus dem Büro Rieß. Wurde im Wettbewerb von jedem Teilnehmer eine Siedlungsfigur für den gesamten Grund abgefragt, so bildet nun das Patchwork der drei Gewinnerentwürfe eine Mini-Bauausstellung. Nur die thematische Klammer, des Holz-Mischbaus, vermag dem turbulenten Außenraumgemisch wieder einen Zusammenhalt zu geben. Das Rieß'sche Projekt kombiniert dreimal eine von Nord nach Süd verlaufende Zeile mit einer Stadtvilla, die wie eine abgeschnittene Brotscheibe den Abstand zu ihrem „Laib" hält. Zwischen den Wohnbauten, die breit von Mietergärten umlagert sind, schlängeln sich drei allgemeine Freiräume durchs Quartier. Aus dem Prinzip des Mischbaus ergibt sich im Inneren eine architektonische Logik: Der massive Kern, der sich längs durch alle sechs Wohnhäuser zieht, nimmt die Treppenhäuser und die baulich anspruchsvollen, hoch installierten Bäder und Küchen auf. Ebenso markiert der massive Sockel den gartenverbundenen Erdgeschosswohntyp. Diese innere Konsequenz führt hier abermals zu einer spiegelsymmetrischen Schnittfigur, wie sie in anderen Projekten, etwa bei der Back-to-Back-Variante am Grünanger, schon aufgetaucht war. Folgerichtig können nun die Wohnräume von der Mitte weg in Holzmodulen angeschlossen werden, ebenso wie das zurückspringende Dachgeschoss. Die außen angehängten Loggien der Wohnhäuser unterstützen als Kisten eine hölzerne Leichtigkeit, die ursprünglich materialgemäß sichtbar sein wollte. Zu Beginn aus Holzmodulen geplant, hat sich das Fügeprinzip von Wand und Decke im Lauf der Projektentwicklung auf einen Tafelbau aus KLH-Platten im Systemraster vereinfacht. Ebenso mussten die Holzoberflächen nach Abwägen von Bau- und Wartungskosten hinter Faserzement verschwinden, was der Siedlung jedoch eine ganz neue und vereinheitlichende Textur beschert hat. Damit könnte das Ensemble ausreichend beschrieben sein, wäre da nicht die Innenwelt der Stiegenhäuser. Auch wenn es im langen Wohnhaus einen Lift gibt, so laden drei einläufige Treppen, die in einer Flucht hintereinander liegen, zum Nach-oben-Schreiten ein und offenbaren eine Großzügigkeit, wie sie im geförderten Wohnungsbau nicht üblich ist. Diesen Treppenraum öffnen zusätzlich große Oberlichter zum Himmel, um ihm die Atmosphäre eines Schachtes gänzlich auszutreiben. Die lineare Wohnungsorganisation entlang des Kaskaden-Treppenhauses lässt Abschnitte von Zwei- bis Sechs-Zimmer-Wohnungen zu. Was sich daraus an Kombinationen des Zusammenwohnens von Generationen und anderer unterschiedlicher Anspruchsträger ergibt, ist nicht vorherzusehen und deswegen gerade möglich.

In Wooden Company

Wien, Mühlweg Residential project, mixed wood-solid construction technology, 2004–07

Eras meet on the way they do in a text book on the Mühlweg site. The borders of the city were always marked with a rigid row of 60's-type construction along the Marchfeld canal, to the north of Vienna. After a building contractor competition in 2004, which was open to entries using wood and mixed wood construction technology, the three winners were given individual sites on the lot and each made their mark with their own urban construction projects. A structured row of three parallel, opposite row-and-point residential units designed by the Rieß office is wedged between the four city palazzos built by Dietrich|Untertrifaller and the open project built along the edge of the courtyard by Kaufmann&Kaufmann. Each of the participants was asked to submit a proposal for the entire project, but the resulting patchwork of the three winning entries has the effect of a miniature construction exhibition. Only the common theme of mixed wood-solid construction manages to give the turbulent mix of exteriors a sense of coherence. The Rieß project combines three north-south rows with a townhouse at the end in a way that resembles a slice of bread cut off from its 'loaf.' The general-use free spaces snake their way through the project between the residential buildings and the broad surfaces of their rented gardens. The principle of mixed construction gives the interior its architectural logic: the solid core that extends lengthwise through all six residential buildings houses the stairwells and structurally sophisticated upper level bathrooms and kitchens. The solid base course marks the ground level units with connecting gardens. This inner sequence leads to the same mirror-image cross section already evident in other projects, such as the back-to-back variant built in the Grünanger Graz project. Consequentially, the living spaces could be connected facing outward from the middle, as well as the recessed attic level. The box-like shape of the suspended loggias gives the buildings a wooden sense of lightness that was originally meant to be visible. The plan was initially based on the use of wood modules, before giving way to the wall-and-ceiling fugue principle that lead to a systemized grid during development. This development was simplified by using KLH-engineered wood panels to build a panel-construction-method project. The decision was also made to build wood surfaces behind a layer of fibrated cement after considering construction and maintenance costs, which gives the project an entirely new, uniform texture.
This would suffice to describe the ensemble if it weren't for the inner world of the stairwells. Even though the long residential buildings have an elevator, the three interior access staircases that are aligned lie behind each other invite entrants to step upwards with a generosity that isn't common in subsidized housing. This stair space also opens large skylights that completely dissipate any shaft-like atmosphere. Since the first level of rooftop maisonettes begins on the second-to-last floor, the height of the building decreases from within. This serves as an indicator for the varying apartment sizes and shapes that were built. The linear alignment along the cascading staircases allows for apartment segments with two to six rooms. The resulting possible cohabitation combinations between generations and other interested parties cannot be predicted, which is exactly what allows for myriad possibilities.

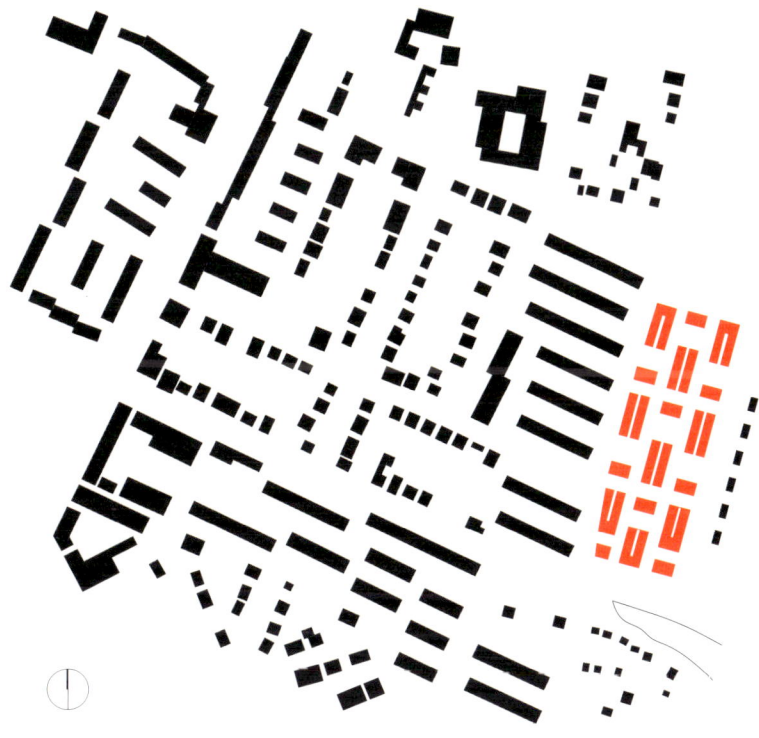

Stadtgewebe aus Mietwohnungsbau und Einfamilien-
häusern · Am rechten Rand liegt die Städtebaufigur
des Wettbewerbsbeitrags.
Urban texture with rented apartments and single-
family houses · The urban construction shape of the
competition entry is on the lower right.

Lage am Übergang zwischen Stadt und Land · Luftbild
Location in the transition between the city and countryside · Aerial view

1.+2.OG

24X   2 Zimmer
       Wohnung
       59,18 m²

Typ B

EG   2 Zimmer
      Wohnung
6X   52,80 m²

Typ C

3.OG   3 Zimmer
        Wohnung
12X   91,28 m²

Maisonette

DG   3 Zimmer
      Wohnung
      91,28 m²

1.+2.OG

24X   3 Zimmer
       Wohnung
       77,74 m²

Typ C

EG   3 Zimmer
      Wohnung
6X   71,36 m²

Typ D

3.OG   4 Zimmer
        Wohnung
6X   121,88 m²

Maisonette

DG   4 Zimmer
      Wohnung
      121,88 m²

Typ C

EG   3 Zimmer
      Wohnung
6X   70,75 m²

Typ E

3.OG   6 Zimmer
        Wohnung
6X   126,77 m²

Maisonette

DG   6 Zimmer
      Wohnung
      126,77 m²

Repertoire der Grundrisse
Ground plan repertory

Typ C 30x
Typ B 48x
Typ D 6x
Typ E 18x
Ges. 102x

Generationenwohnen
Alternativ

Typ E

3.OG   3 Zimmer
        Wohnung
        74,89 m²

Generationenwohnen
alternativ

DG   2 Zimmer
      Wohnung
      53,44 m²

„Stadtvilla"

UG   5 Zimmer
      Wohnung
      129,70 m²

1.OG   5 Zimmer
        Wohnung
        129,70 m²

alternativ

2.OG

Typ E

EG   5 Zimmer
      Wohnung
12X   129,70 m²

2.OG   5 Zimmer
        Wohnung
        129,70 m²

DG   5 Zimmer
      Wohnung
      129,70 m²

Lageplan mit Städtebaufigur des Wettbewerbsbeitrags
Site plan with the urban construction shape of the competition entry

Modellansichten im Kontext der realisierten Städtebaufigur
aus drei Teilbeiträgen
Model view in the context of the realized construction shape
based on the three contributed segments

Fassadenbild aus dem Wettbewerb mit versetzten Balkonmodulen
Competition entry, façade image with recessed balcony modules

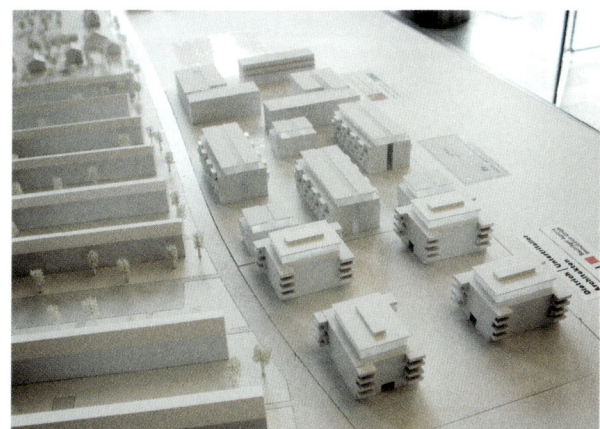

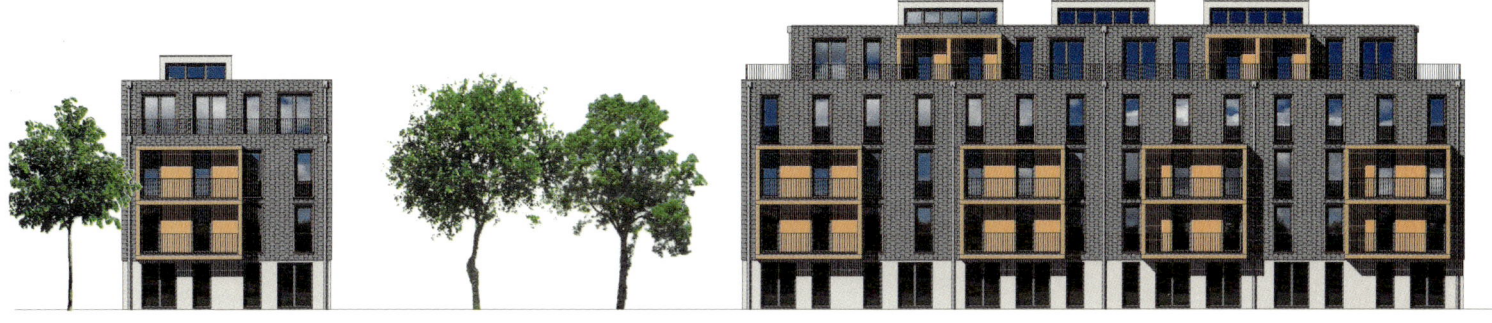

Längsansicht einer Hauseinheit Longitudinal view of a house unit

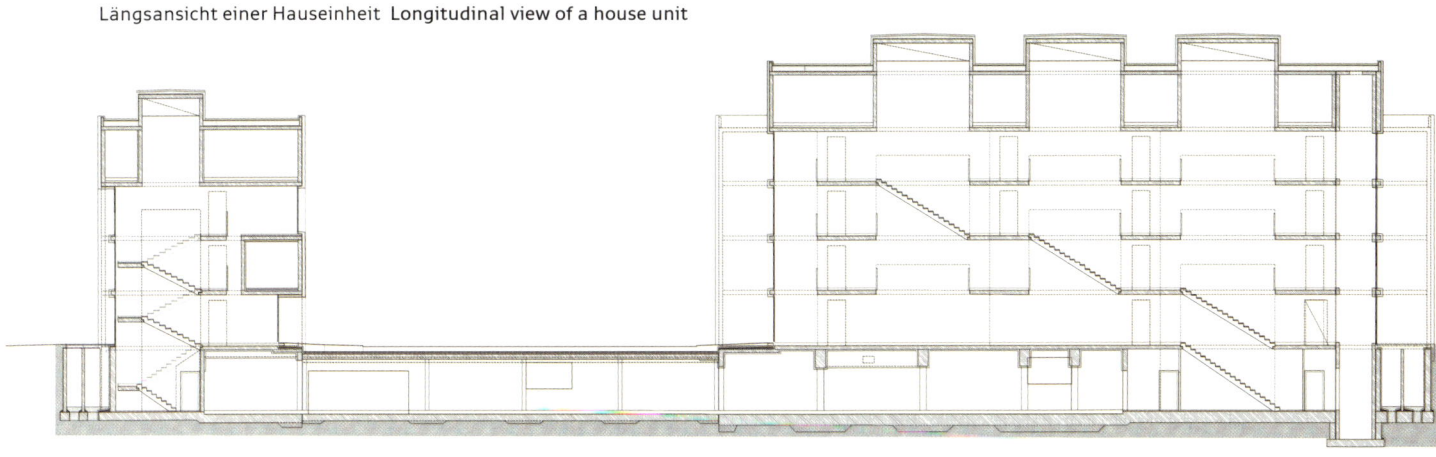

Längsschnitt durch eine Hauseinheit entlang der Kaskadentreppe Longitudinal section through a house unit along the cascading stairs

Montagezustand vor der Fassadenverkleidung Assembly state before façade cladding completion

Rohbauzustand zwischen massivem Kern und Holztafelbau Raw construction state between the solid core and wood panel structure

Fassadenbild mit paarweisen Balkonmodulen
Façade image with balcony pair modules

Lichtsimulation des inneren Treppenverlaufs
Light simulation of the interior stair trajectory

ADRESSE Wien 21, Fritz-Kandl-Gasse 5 BAUTRÄGER ARWAG Objektvermietungs GmbH, Wien PLANUNG+BAUZEIT Bauträgerwettbewerb 2004, Bau 2005–07 KENNGRÖSSEN BGF 8.650m²/102 WE BAUKOSTEN ca. € 10 Mio MITARBEIT Rainer Abele, Thomas Gomilschak, Frank M. Schulz, Sonja Wiegele FACHLEUTE Generalunternehmer Rudolf Gerstl GmbH & CO KG, Wels; Holzbau Sohm GmbH, Alberschwend; Statik RW Tragwerksplanung, Wien; Grün- und Freiraumkonzept büro land in sicht – th. proksch

ADDRESS Vienna, 21st district, Fritz-Kandl-Gasse 5 CLIENT ARWAG Objektvermietungs GmbH, Vienna PLANNING+CONSTRUCTION PERIOD client competition 2004, construction 2005–07 SPECIFIC SIZES gross floor area 8,650m²/102 RU CONSTRUCTION COSTS ca. € 10 m STAFF Rainer Abele, Thomas Gomilschak, Frank M. Schulz, Sonja Wiegele EXPERTS general contractor Rudolf Gerstl GmbH & CO KG, Wels; wood construction Holzbautechnik Sohm GmbH, Alberschwend; statics RW Tragwerksplanung, Vienna; green and open space concept büro land in sicht – th. proksch

Am Grünanger Graz stehen sich neue und alte Mindestwohnungen gegenüber.
New and old minimal apartments face each other in the Grünanger area of Graz.

RANDBAU
ON THE EDGE

Grenzen

boundaries

seams

Nahtstellen

Innenflur mit Lichteinfall · Arbeitsmodell zum Projekt Impulszentrum Zeltweg
Interior hall with lighting · Working model for the Zeltweg Impulse Center project

the poetry of intervals

Milieu der Zwischen-räume

Strukturen für sozia

dwelling on the edge

und urbane Ränder

Einzeln in der Gruppe

Judenburg, Reihenhäuser Bebauungsvorschlag für ein Quartier in Holzmodulen, Studie 2003

Judenburg, Row Houses Development proposal for wood module project, study 2003

Ein Bebauungsvorschlag wurde von einer lokalen Wohnungsbaugenossenschaft angefragt. Innerhalb der Studie stellten sich zwei Fragen: Wie kann auf einem fertigen Bebauungsplan, der ein Doppelhausschema vorschlägt, eine höhere Dichte erreicht werden, ohne dass die Anmutung des Einzelhauses mit Einzelgrundstück verloren geht? Wie kann man dabei die Rechnung umsetzen, dass eine hohe Wohndichte reichlich gemeinsame Freiflächen übrig lässt?
In Judenburg, nicht weit vom 1998 realisierten Holzgeschosswohnbau in der Stadionstraße, galt es einen Modultyp zu entwickeln, der ausgehend von einer bescheidenen Variante den Ausbau und Anbau erlaubt, ohne den festgelegten Takt der Grundstücke und Starterhäuser zu stören. Anders als beim später für Bruck entwickelten Kettenhaustyp wurde hier der Zwischenraum der Längshäuser enger gesetzt. Im Takt wechseln sich das Achsmaß 4,65 m und 2,60 m fast im Verhältnis 1:2 ab. Wird nun im Erweiterungsfall diese Lücke überbaut, so bleibt ebenerdig immer noch die Qualität des „Durchhauses" erhalten. Dieser Gang längs am Haus vorbei ist eine Raumkategorie, die dem Haus Luft lässt. Je nach Ausbaugrad bringt sie für das Grundstück die guten Eigenschaften der traditionellen Hofeinfahrt, des zweiten Wegs, des entkoppelten Eingangs mit sich.
Der gesuchte Typ soll sich sowohl nach Nord-Süd als auch nach Ost-West ausrichten können, ohne im Inneren wesentlich umorganisiert zu werden. Bei einer Gesamtmenge von 68 Häusern kann bei Festlegung auf einen Grundtyp bereits wirtschaftlich vorproduziert werden. Dabei ist anzustreben, das Modul auf einem Grundstück universell und mit wenigen Abweichungen einzusetzen. Genauso liefert das Modul jedoch auch die Argumente, verschiedene Variationen im Baukastenprinzip an- und abkoppeln zu können.
Die Studie für Judenburg war ein Testfall, über das reine Musterbild der Module hinauszugehen. Dem Ganzen einen bewusst massiven Holz-Appeal zu geben, war die gestalterische Kür. Jedes „Haupthaus" verschwindet hinter einem markanten geschosshohen Rahmen, der dabei der Fassade eine nutzbare Tiefe als Balkon, Sonnen- und Wetterschutz gibt. Dachauflagebalken in ähnlicher Dimension fassen die Reihen luftig zusammen. Selbst die Grundstückszwischenmauern können einen offensiv holzmassiven Eindruck machen, der dem verwendeten Material ästhetisch Rechnung trägt. Mit robusten Plattenwerkstoffen kann ausprobiert werden, wie sehr man die traditionelle Oberflächenanmutung von Holz mit einer materialästhetischen Flächigkeit verbindet, wie sie in den herkömmlichen Handwerksmethoden nicht möglich ist.

A local housing construction cooperative requested a development proposal. The study posed two questions: how can higher density be achieved in a completed development plan which suggests a double house scheme without losing the proposals single house/ single lot appearance? How can the calculation be balanced to achieve high residential density with large common open spaces? In Judenburg, not far from the multilevel wood construction residential project completed in 1998, a module type had to be developed that allowed for the extension and expansion using a simple variant that would not disturb the rhythm established by the lots and starter houses. Contrary to the chain house type later developed for Bruck, the spacing between the lengths of the houses was closer. The unit spacing of 4.65 m and 2.60 m are rhythmically set in a ratio of almost 1:2. If a building is extended to fill this gap, the ground level still maintains a through house quality. This hallway leading past the length of the house is a spatial category that gives the house space. Depending on the degree of expansion, this space gives the house the good properties of a traditional courtyard driveway, a second pathway or of a separate entrance.
It should be possible to set the desired building type to the northsouth or to the east-west without major re-organization on the inside. Determining one basic house type for a total number of 68 units allows for economic pre-production. The aim is to be able to use the module universally on a site with few variances. But the module should also be suitable as a linking and separating unit in different modular construction variations.
The Judenburg study was a test case which attempted to go beyond the mere standard module image. Giving the whole proposal the appeal of solid wood was the piece de resistance of the design. Each 'main house' disappears behind a striking floor-high frame that gives the façade the usable depth of a balcony, or sun and weather protection. Room support beams of similar dimensions link the rows airily. Even the separating walls between the lots make a solid (wood) impression and aesthetically underscore the wood material. Robust slab materials can be used to explore the appeal of a traditional surface finish combined with the material aesthetics of large surface components in a way that isn't possible with conventional craftsmanship.

Abfolge der Hausreihen mit Gartenhöfen, teilweise bewohnbar unterkellert
Sequence of housing rows with garden courtyards, some of which have habitable cellars

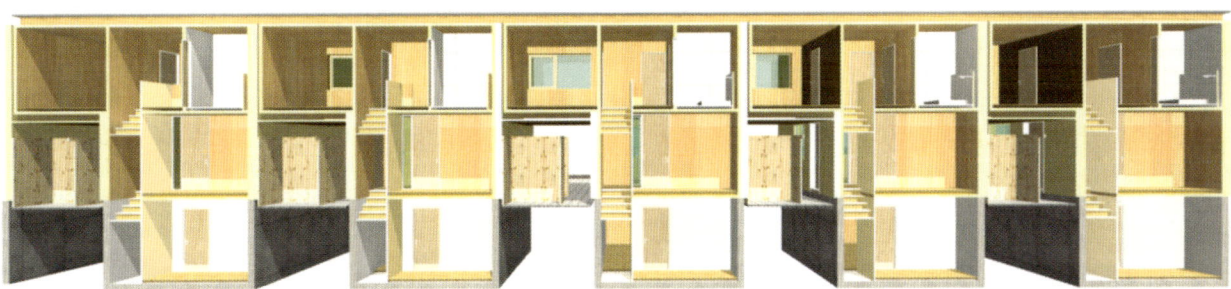

Längsschnitt durch Häuser und Zwischenhäuser
Longitudinal section, houses and through houses

Durchgang mit Zwischenerweiterung
Passage with interstage expansion

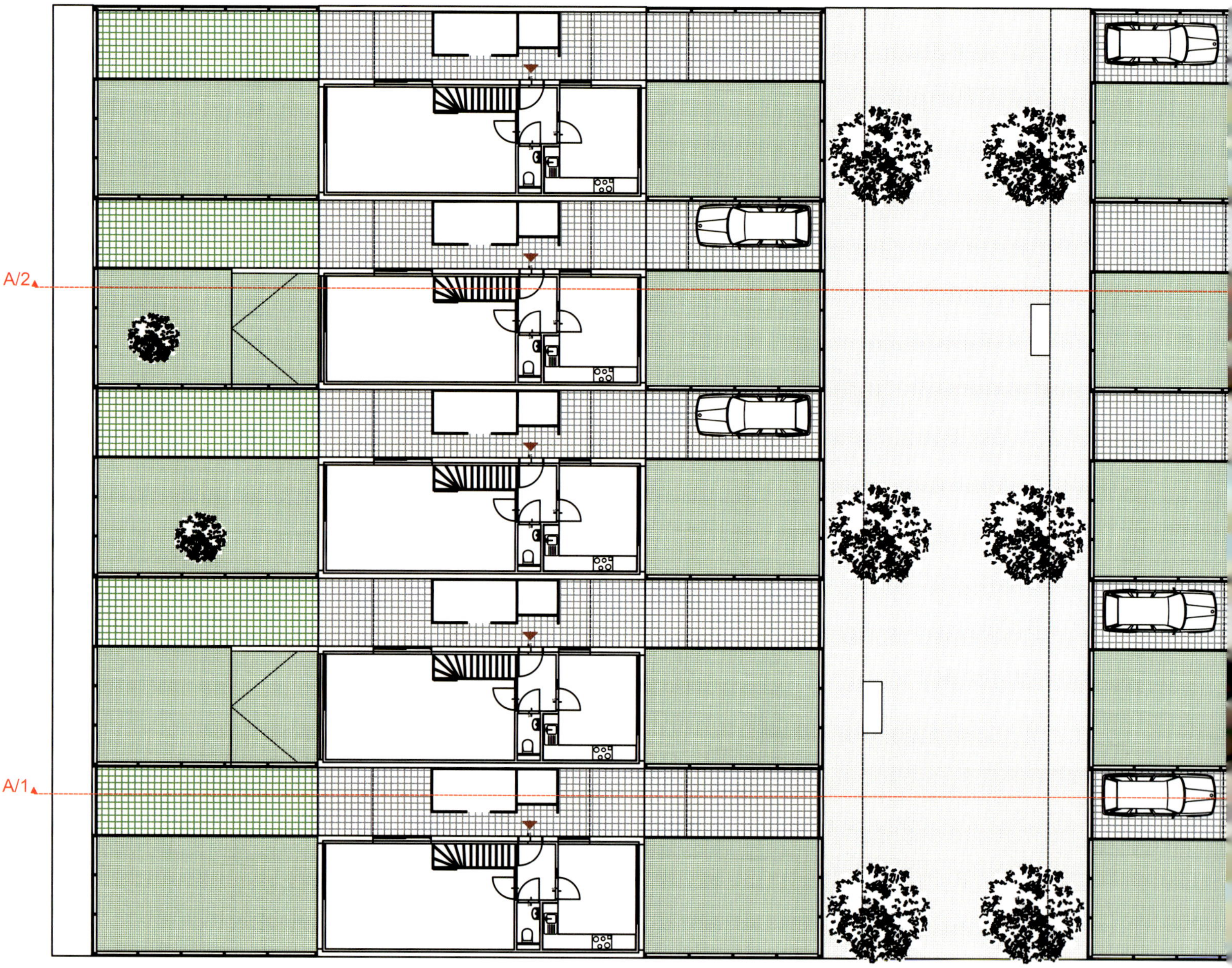

ADRESSE Judenburg, Ludwig-Anzengruber-Gasse AUFTRAGGEBER WAG Wohnungsanlagen GmbH Linz PLANUNG Studie 2003
KENNGRÖSSEN 68 Grundstücke à 195 m²; bebaute Fläche 13.260 m²/68 WE MITARBEIT Frank M. Schulz

ADDRESS Judenburg, Ludwig-Anzengruber-Gasse CLIENT WAG Wohnungsanlagen GmbH Linz PLANNING PERIOD study 2003
SPECIFIC SIZES 68 lots/195 m²; developed surface 13,260 m²/68 RU STAFF Frank M. Schulz

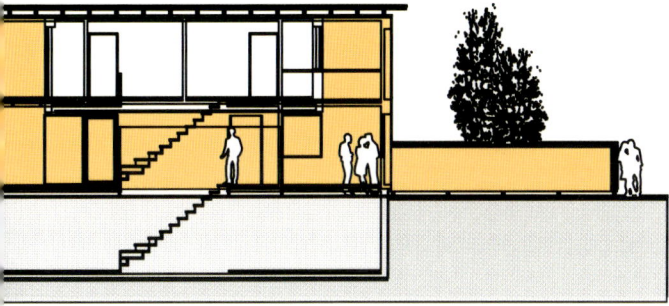

Schnitt durch Haupthaus mit Keller
Section of main house with cellar

Schnitt durch überbauten Zwischenraum
Interstage superstructure section

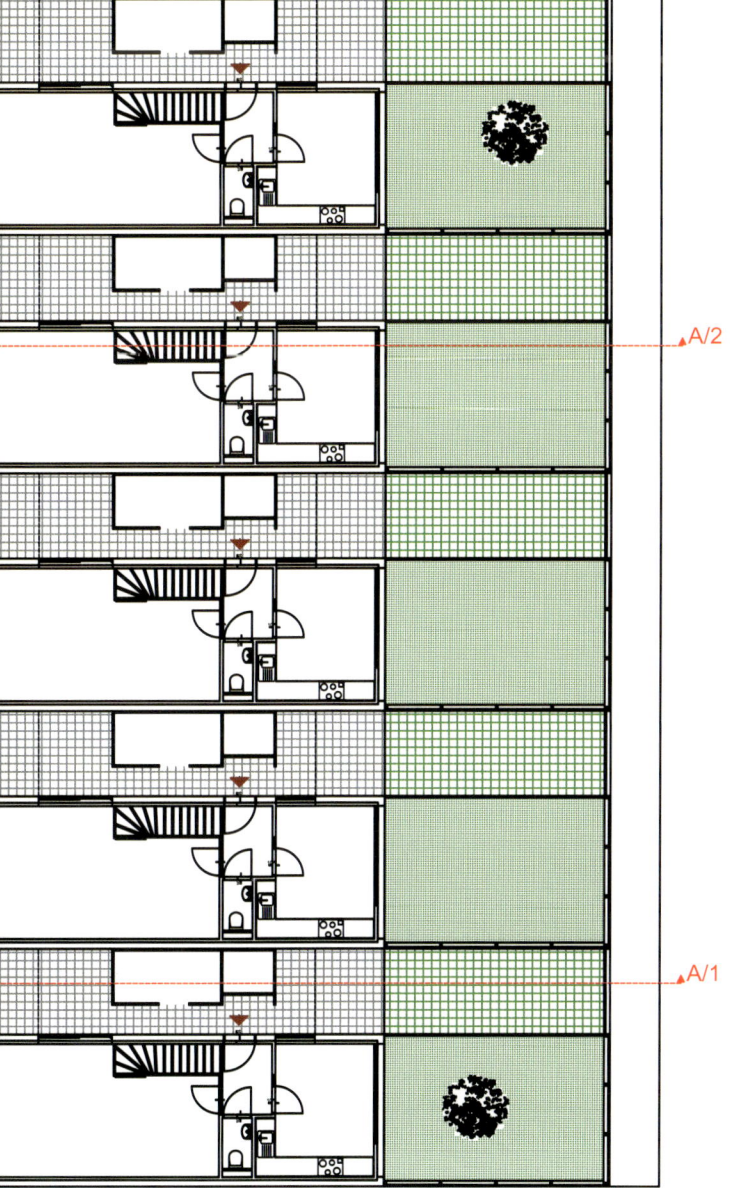

▲A/2

▲A/1

Reihenanordnung im Grundstück.
Row alignment on the site

In unmittelbarer Nähe, in der Stadiongasse, hat das Büro Hubert Rieß 1996–98
eine Wohnbauanlage in Holztafelbau
realisiert.
The office of Hubert Rieß completed
a wood panel construction residential
project in the immediate vicinity,
on Stadiongasse, between 1996–98.

Was an Freiraum bleibt

Bruck an der Mur, Kornberger Gründe Städtebauliches Konzept
Wettbewerb 2002

In Bruck an der Mur war ein Wettbewerb der Anlass, grundsätzlich
über die Rolle eines neuen Siedlungsteils in der obersteirischen
Kleinstadt nachzudenken. Im Umfeld des ausgewiesenen Geländes
bietet sich ein Bild der locker auslaufenden nördlichen Vorstadt
gegen den Dürrnberg. Dieser städtische Kontext bildet wenig
markante Anhaltspunkte. Er legt dennoch für den Bebauungsplan
als Hauptkriterium nahe, der Straße als dem öffentlichen Raum
besondere Sorgfalt zu widmen. Die Konkurrenten dieses Freiraums
sind in der Regel die Hermetik des Privatgrundstücks sowie das
parkende Auto. Diesen beiden Freiraumvernichtern sollten die
Hoheitszuweisungen im Bebauungsplan bereits intelligent zu
Leibe rücken. Beim Abwägen von Bebauungsvarianten wurden
vier typische Wohnbauformen durchgespielt, die je einen eigenen
Quartierscharakter bestimmen. Daraus ergab sich ein Bebauungs-
konzept, in dessen 9 Großgrundstücken alle vier Körnungsgrade
und Bebauungsmuster Platz finden. Stellt man sich zuerst die
klassische Einfamilienhausparzellierung mit nur 17 möglichen
Häusern vor, so erkennt man in den weiteren Variationen, welche
Verdichtungsschritte bis zum Geschossbau möglich sind, ohne
das Einzelglück ebenerdigen Wohnens zu dämpfen. Beim freistehenden Einfamilienhaus wären allein die Grundkosten pro Wohnhaus schon zu hoch. Mit dem Reihenhaus ergaben sich 41 Einzelhäuser in Hausgruppen von maximal zehn Wohneinheiten. Das
Kammprofil des „Nischentyps", wie es gleichzeitig im Projekt Grünanger ausprobiert wurde, gibt jedem Haus dieser Variante eine
eigene Eingangsnische. Die Straße kerbt sich in jedes Haus und
nimmt der Reihe ihre Länglichkeit. Durch die Querversetzung im
Einzelgrundriss holt sich das Haus genügend Licht in seine Tiefe.
An den sehr schmalen Grundstücken ist allerdings auch ablesbar,
wie eng man sich in der Reihe arrangieren muss.
Das Kettenhaus wurde als Unterart für diesen Fall weiter ausgeführt. Als ein Idealtyp für 32 Einzelhäuser verbindet es den Wunsch
vom freistehenden Haus mit der Ausnutzung schmaler Grundstücke. An der Längsseite bis an die Parzellengrenze gesetzt, dreht
es dem Nachbarn seinen Rücken zu und lässt einen Hof übrig,
der zudem einen PKW mit Garage aufnehmen kann. Als Quader
von 5x5x15m kann das Haus aus Holzmodulen in wenigen Bau-
schritten montiert und in seinem „Finishing" lokalen Gestalt-
satzungen angepasst werden. Über dem Garagenraum lässt sich
zusätzlich ein 5x5m-Modul aufsetzen, um im Wiederholungsfall
den Siedlungseindruck eines großzügigeren Reihenhaustyps zu
schaffen. Einzig die Variante des Geschosswohnens würde, in Rein-
form verwendet, an die Grenzen des Bebauungsplanes stoßen.
Nicht etwa wegen der Abstände zwischen den 2–3-Geschossern,
vielmehr würden die vielen Einzelwohnungen ein Autoaufkommen
nach sich ziehen, das den Restraum überfüllen würde. Diese
Variante wurde eigentlich nur als Komplettierung der „Testreihe"
aufgeführt, hat sie doch weder eine Marktchance noch eine aus-
sichtsreiche Förderperspektive.
Der Wettbewerbsbeitrag zog keine weitere Beauftragung nach
sich. Er hat dennoch schon in der Konzeptphase gezeigt, wie man
im Variantenvergleich schnell zu einem Angebotskatalog kommen kann. Dazu konnte das Modulthema für den Fall des Einzelhauses gespielt werden, ohne den Blick auf die nächst höhere
Organisationsstufe, die der Siedlung, zu verstellen.

The Space That Remains

Bruck an der Mur, Kornberger Gründe Urban planning
concept, 2002

This competition triggered a fundamental thought process on
the roll of a new development segment in the upper Styrian town
Bruck an der Mur. The surroundings of the assigned site are charac-
terized by the loose suburbs that fade away under the Dürrnberg.
This urban context offers few salient points of reference. It nonetheless demands that the road be given special planning attention as a public space. As a rule, these hermetic private areas and
parked cars compete with this open space. These two destroyers
of open spaces should be met with intelligent planning solutions.
Four typical residential building shapes were put through their
paces in planning, each of which gave the area its own character.
This resulted in a development concept that gave all four graining
and development patterns their space. If one imagines classic
single-family house parcels first, with only 17 possible houses, one
recognizes the possible densification steps in the other variants
leading up to multilevel buildings, without minimizing the pleasure
of ground-floor living. The cost of the construction alone would be
too high for freestanding single-family houses. Row housing led to
41 individual houses in groups with a maximum of ten residential
units. The comb-tooth-niche profile, which was also used on the
Grünanger project, gives each house in this variant its own entrance.
The street curves into each house, reducing the the row's longitudinal effect. The transverse setting of the individual ground plans
gives each house enough lighting depth.
The extremely narrow lots make the closeness of the arrangement
within each row clearly recognizable. The housing chain was developed further as a subspecies in this case. As an ideal housing type
for 32 individual units, it combines the desire for a freestanding
house with the use of small lots. It is set lengthwise along the
borders of the parcel and turns its back to the neighbors leaving
courtyard that offers space for a car and garage. As a 5x5x15m
square, the modular wood house can be assembled in a few steps
and finished with local design elements. An additional 5x5m module can be set over the garage space to create the impression of a
more spacious row house type within the repetitive residential pattern. The multilevel residential variant was the only concept used
in its pure form and it shows the limits of the development plan;
not because of the spaces between the 2 to 3 levels, but because of
the number cars that would come with each of the many individual
apartments would overcrowd the remaining space. This variant was
only pursued to complete the 'test series,' since it isn't marketable
and has little chance of being subsidized.
This competition entry did not lead to a further contract. But in its
conception phase it showed how comparing variants can rapidly
lead to a catalog of proposals. It was also possible to simulate
individual housing without losing sight of the residential project,
the next organization level.

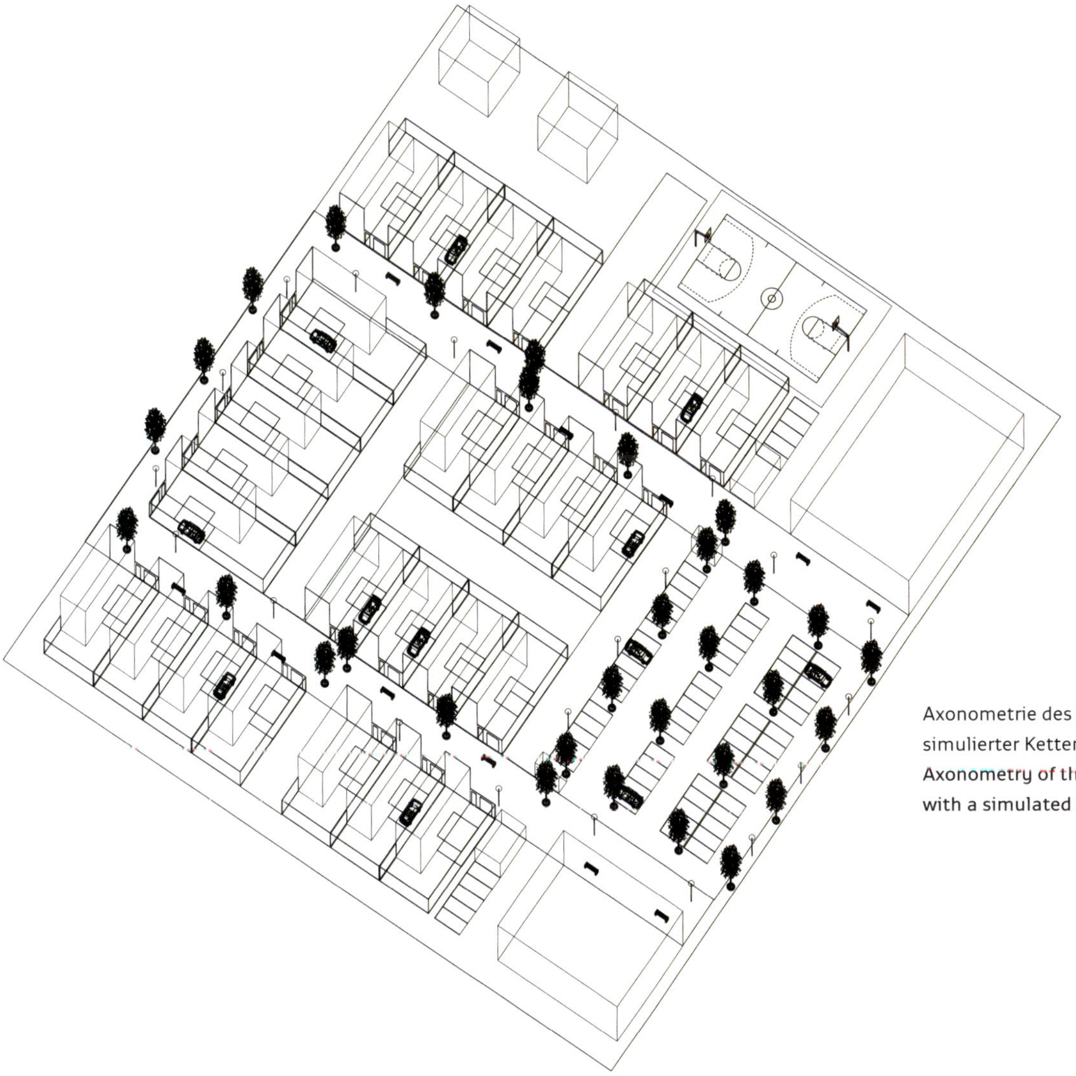

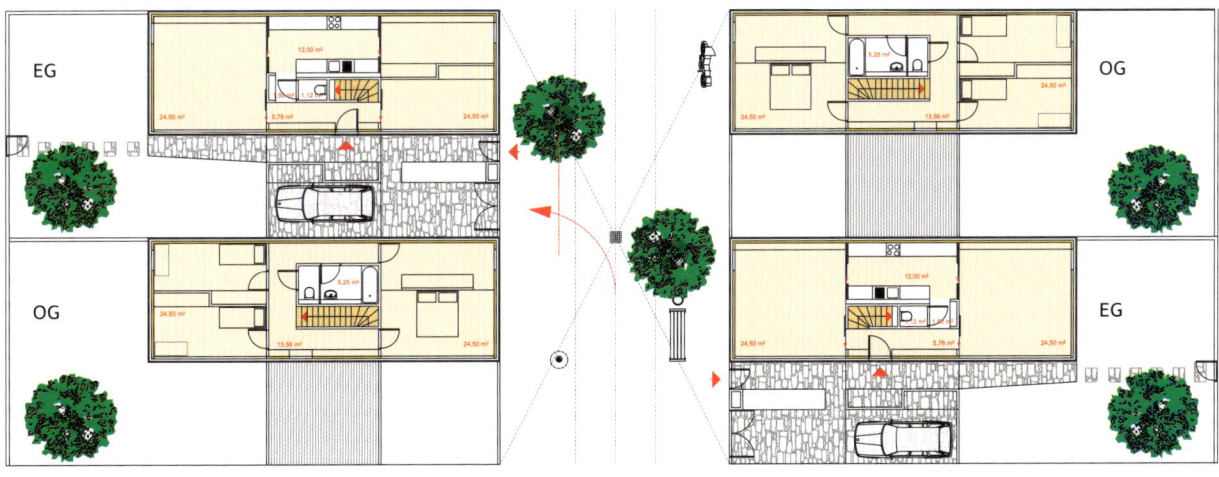

Axonometrie des Siedlungsfeldes mit
simulierter Kettenhausvariante
Axonometry of the development field
with a simulated housing chain variant

EG

OG

OG

EG

Grundrisse in gespiegelten Varianten
an einer Wohnstraße
Ground plans in a reflected variant along
a residential street

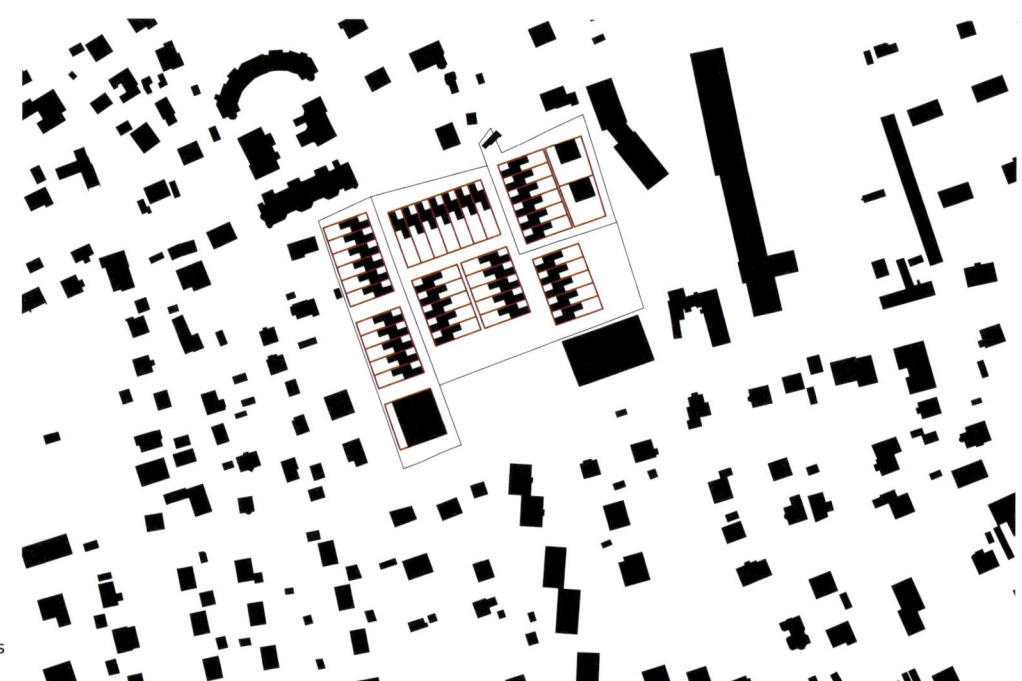

Bebauungsvariante in durchgehender
Reihe mit bis zu 41 Einzelhäusern
Project variant with a row of continuous
housing with up to 41 individual units

Der weiter entwickelte Kettenhaustyp
für 32 Einzelhäuser
The further development of the
housing chain concept for 32 single-
family units

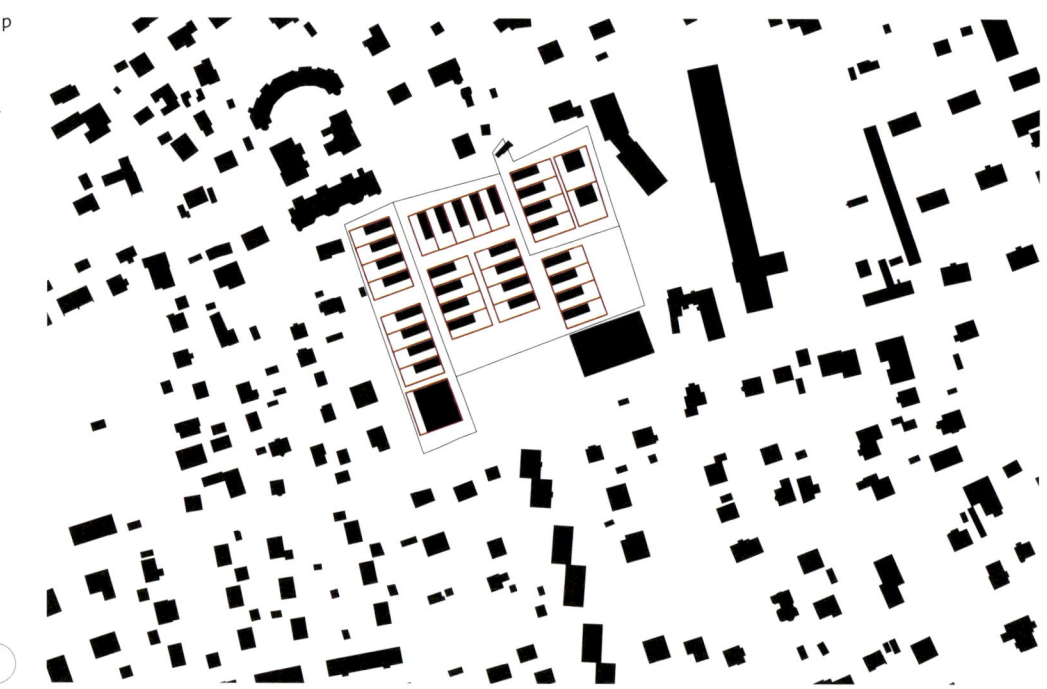

ADRESSE Bruck an der Mur, Oberdorfer Straße, Bienengasse, Altersheimgasse AUSLOBER Stadt Bruck an der Mur PLANUNG Wettbewerb 2002
KENNGRÖSSEN 17 WE EF-Haus, 32 WE Kettenhaus, 41 WE Reihenhaus BAUKOSTEN ca. € 10 Mio. MITARBEIT Frank M. Schulz

Einfamilienhausparzellierung mit
17 Einzelhäusern
Single-family parcels with
17 individual units

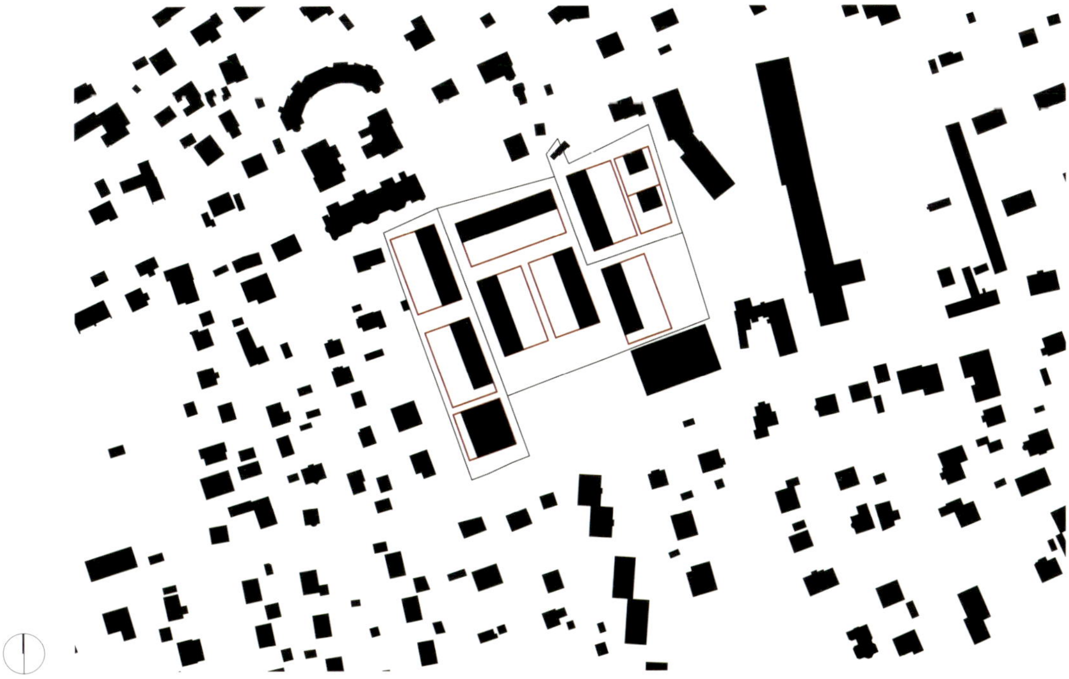

Dichteste Bebauungsvariante in
Zeilen zu 2–3 Geschossen
Densest development variant
with rows 2 to 3 levels high

ADDRESS Bruck an der Mur, Oberdorfer Straße, Bienengasse, Altersheimgasse CLIENT City of Bruck an der Mur PLANNING competition 2002
SPECIFIC SIZES 17 RU/SF house, 32 RU/chain houses, 41 RU/row housing CONSTRUCTION COSTS ca. € 10 m STAFF Frank M. Schulz

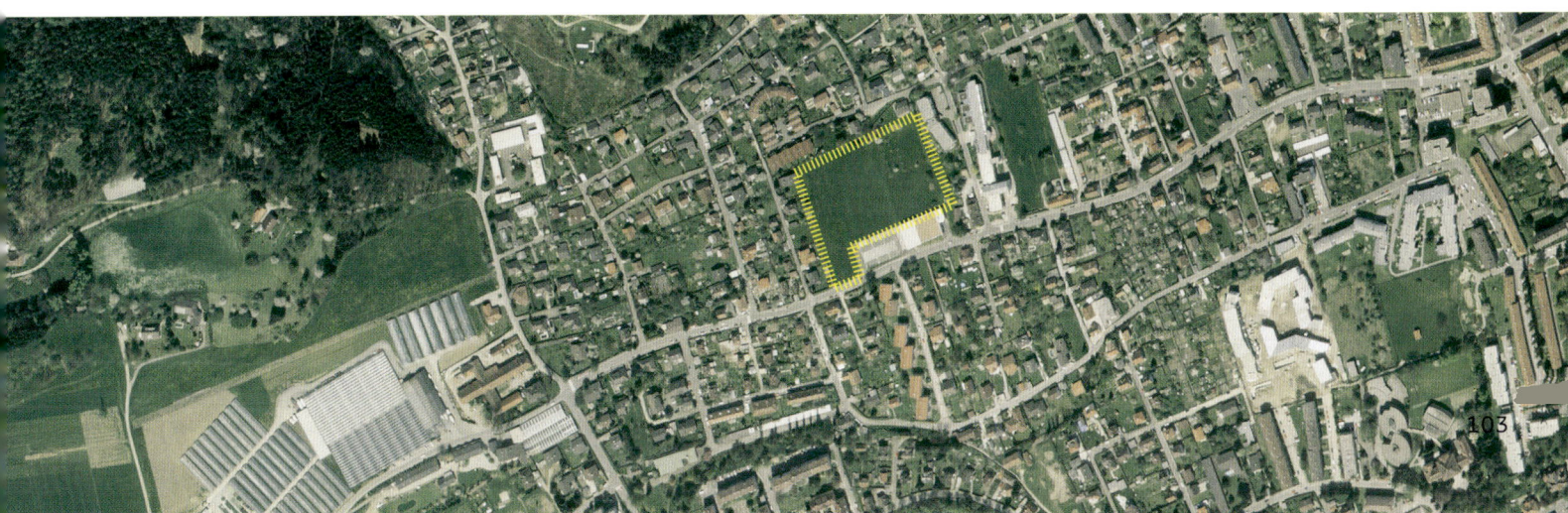

Im Fluss des Weinbergs

Wien, Haus Sigmund Mehrfamilienhaus am Stadtrand 1999–2005

Dass der Modulbau nur bei großer Stückzahl lohnt, trifft nicht immer zu. In einer ruhigen Villengegend am Rand der Stadt zählte in diesem Fall die schnelle und platzsparende Baustelle. Alles was vorher in die Module der sechs Wohneinheiten einzubauen war, wurde schon im Werk erledigt. So setzt sich der Zubau zu einer bestehenden Villa aus erkennbaren Bausteinen zusammen, die treppenartig versetzt den Abhang des Weinbergs nachzeichnen, auf dem sie stehen. Bautypologisch stellt sich nun die Frage nach dem, was da in unbehandelter Eiche neben einer Villa aus der Zeit kurz nach 1900, neu entstanden ist. Es ist ein autonomes Haus mit eigenständigen Wohnungen im Inneren und baut dennoch einen Bezug auf zum bestehenden Haus nebenan. Der neue Bau ist ein Modulbündel, das die Kleinteiligkeit seiner Apartments sofort durchschaubar macht. Damit gebärdet sich das elegante und anspruchsvolle Wohnen unserer Zeit in einer ganz anderen Offenheit als es die Villen der Umgebung mit ihrer Diskretion einst taten.

Anne Isopp kommentiert dazu in Zuschnitt 20, 2005
Nussdorf zählt zu den besseren Wohnadressen der Hauptstadt. Hier in der Nussberggasse, am Fuße des Kahlenbergs, steht eine alte Villa neben der anderen. Seit ein paar Monaten aber hat sich ein Fremdkörper in das homogene Gefüge eingeschlichen: Ein warm leuchtender Holzbau steht inmitten der herrschaftlichen Steinbauten. Die Rede ist vom Haus Sigmund, einem vom Grazer Architekten Hubert Rieß entworfenen Wohngebäude.
Auf einem massiven Stahlbetonsockel, der sich tief ins Gelände hineinschiebt und die Autostellplätze birgt, sind 20 Holzmodule über- und nebeneinander gestapelt. Sie bilden zwei parallele Riegel, der vordere zwei- und der hintere dreigeschossig, in denen sechs Wohnungen untergebracht sind. Trotz der schlichten und zurückhaltenden äußeren Gestalt zeigt der Bau eine erstaunlich starke Präsenz in dieser Wohngegend – dank der in seiner Farbe und Materialität einladenden horizontalen Eichenholzverschalung, die das äußere Erscheinungsbild prägt. Er habe immer wieder Autofahrer beobachtet, erzählt Rieß, die langsam und neugierig an dem Haus vorbeifuhren. Der Grazer Architekt ist überzeugt, dass Holz die Kraft hat, Menschen anzusprechen; vorausgesetzt – so räumt er ein – es ist entsprechend gut verarbeitet. So wie ihm dies beim Haus Sigmund gelungen ist. Dabei kam der Wunsch, hier an diesem Ort in Holz zu bauen, von den Bauherren, da sie sowohl die optischen als auch die haptischen Qualitäten des Materials als ansprechend und wohltuend schätzen. Das Ehepaar Sigmund besaß neben seinem Haus in der Nussberggasse ein freistehendes Grundstück. Es bat den Architekten Rieß, ein Konzept für ein Mehrparteienhaus zu erarbeiten, das die Fläche optimal ausnützt und – das war das wichtigste Anliegen – nicht die Aussicht aus den benachbarten Giebelfenstern verstellt. Es dauerte sieben Jahre, bis man sich in allen Punkten geeinigt hatte und die 10,4 x 4,3 Meter großen Holzmodule, die komplett mit Fenster, Dämmung, Sanitär- und Elektroeinrichtung im Werk vorgefertigt wurden, auf einem Lkw zur Baustelle geliefert werden konnten. Die Vorteile der gewählten Modulbauweise aber liegen auf der Hand: Sie ermöglicht eine extrem kurze Bauzeit – was dem Wunsch der Bauherren nach einer geringen Belästigung der Anrainer entsprach. Zudem ist der Bau sofort bezugsfertig.

In the Flow of the Vineyard

Sigmund House, Vienna Multifamily building in a suburban residential area, 1999–2005

Modular construction isn't only worthwhile in large quantities. What mattered in the case of a quiet suburban neighborhood were quick construction and a space-saving construction site. Everything that had to be built in to the modules of the six residential units was completed at the factory. Thus the annex of an existing villa consists of recognizable building blocks which are staggered in steps that trace the slope of the vineyard on which they stand. The question in terms of building typology is: what kind of a building built using untreated oak wood lies next to a villa built shortly after 1900? It is an autonomous building with individual apartments, and yet it creates a nexus to the existing building next door. The new structure is a bundle of modules which makes the intricacies of its apartments immediately apparent. This gives elegant and discerning living in our times an openness that is completely different to the sense of discretion of the surrounding villas.

Anne Isopp comments on the project in Zuschnitt 20, 2005
Nussdorf is one of the better residential areas in the capital. One old villa stands next to the other here on Nussberggasse, at the foot of Kahlenberg. But a foreign body has snuck into the homogeneous arrangement: a warmly lit wood structure stands in the middle of the stately stone buildings. We are talking about the Sigmund House, a residential building designed by Hubert Rieß from Graz. 20 wooden modules are stacked on top of and next to each other on a solid reinforced concrete base course that reaches deep into the terrain to harbor parking spaces. They are set to create two parallel blocks, the front block has two levels and the back block has three that houses six apartments. Despite its simple and restrained exterior appearance, the building has astonishing presence within this residential area – thanks to its inviting color and material, i.e. the horizontal oak wood cladding that defines it. Rieß tells how he noticed drivers slowing down to look curiously at the house. The architect from Graz is convinced that wood has the strength to appeal to people; assuming – he adds – it is used in the corresponding fashion the way he did successfully on the Sigmund House. It was the clients who wanted a wood building here. They appreciated the appealing, pleasant visual and haptic qualities of the material. The Sigmunds owned the empty lot next to their house on Nussberggasse. The couple asked Rieß to develop a concept for a multifamily house that made ideal use of the surface and – this was the most important request – did not obstruct the view from the neighboring gabled windows. It took seven years for all points to be agreed and for the 10.4 x 4.3 meters wood modules complete with factory-installed vitrification, insulation, sanitary facilities and electrical installations to be delivered to the construction site by truck. But the advantages of the modular approach chosen are evident: it makes an extremely short construction time possible – which addressed the client's desire for minimal neighbor disturbance. And the building is key-ready.
A change in concept during the long planning phase should not go unmentioned: Two apartments were built in the space intended for ground-level practices and offices facing the street. Four more apartments are located on the first and second levels. This made the originally planned row housing project a multilevel building, which made different building code regulations applicable: the authorities now demanded a B1 low-flammable façade. Hence ex-

Eine Konzeptänderung innerhalb der langen Planungszeit aber darf nicht unerwähnt bleiben: Anstelle der zur Straße hin geplanten, ebenerdigen Ordinationen und Büros befinden sich hier nun zwei Wohnungen. Vier weitere erstrecken sich über das erste und zweite Obergeschoss. So ist aus der ursprünglich als Reihenhaus geplanten Anlage ein Geschosswohnbau geworden. Damit kamen auch andere baurechtliche Gesetze zur Geltung: Die Behörde forderte nun eine Fassade in B1, schwer entflammbar. Anstelle der oft verwendeten Lärche musste für die Verschalung die teurere Eiche zum Einsatz kommen. Der mehrgeschossige, ebenfalls von Hubert Rieß in Holzbauweise errichtete Wohnbau in der Spöttlgasse in Wien-Floridsdorf, musste genau aus diesen Gründen, so der Architekt, verputzt werden.

pensive oak had to be used for cladding instead of frequently used larch wood. The façade of the multilevel building Rieß designed for the Spöttlgasse project in Floridsdorf had to be given a plaster coating for exactly the same reason, according to the architect.

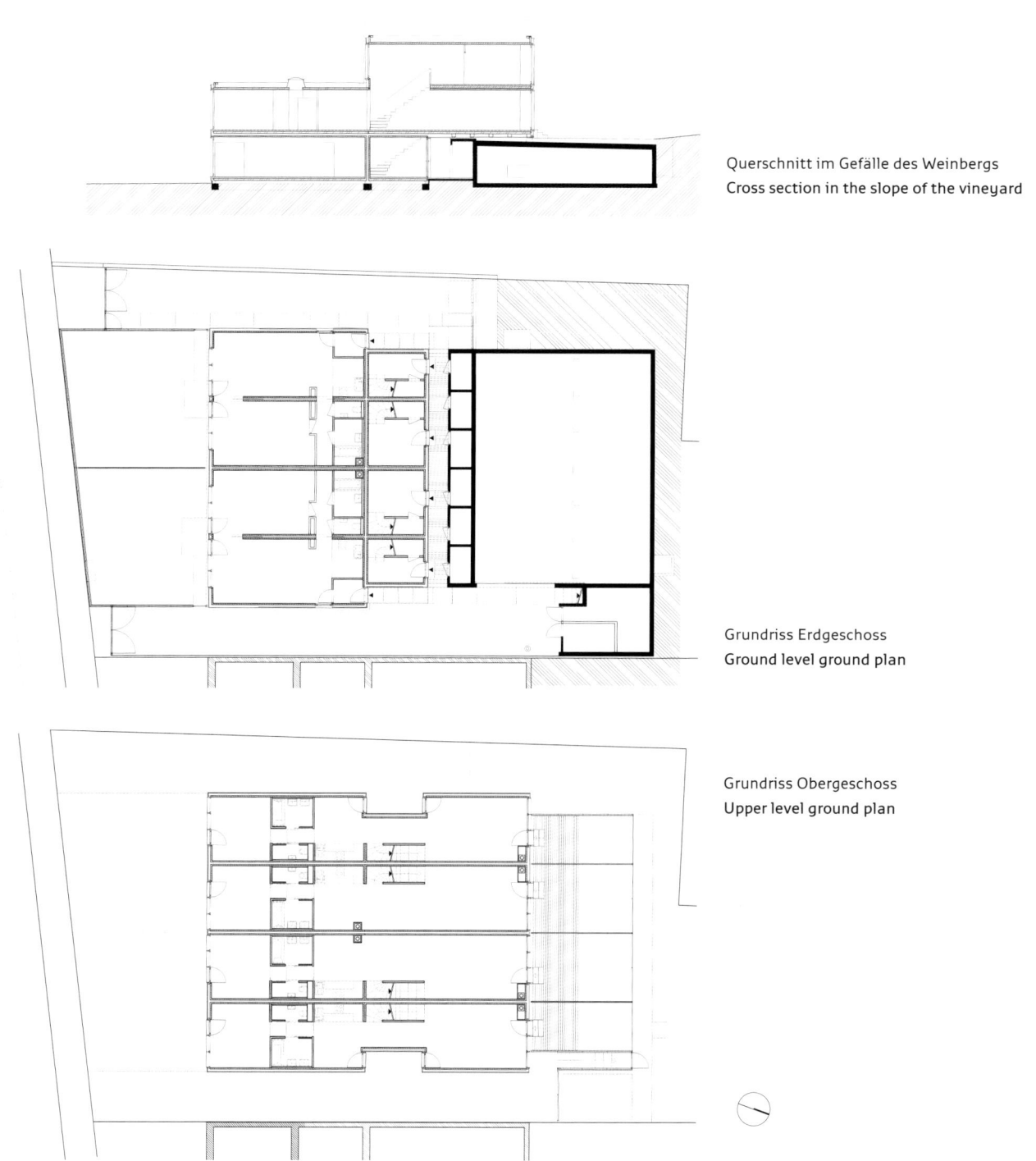

Querschnitt im Gefälle des Weinbergs
Cross section in the slope of the vineyard

Grundriss Erdgeschoss
Ground level ground plan

Grundriss Obergeschoss
Upper level ground plan

    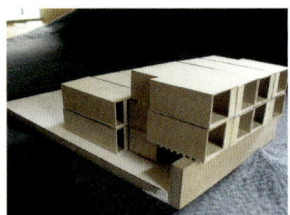

Modell- und Modulstudien
model and module studies

Hanggrundstück vor der Bebauung. Rechts der zu ergänzende Altbau
Sloping site before construction, the existing older building to
be expanded is on the right.

Modulschnitt in Längsrichtung durch Fundamentauflager,
Modulstoß und Fassadenkonstruktion
Module section, lengthwise through the foundation level,
module joint and façade construction

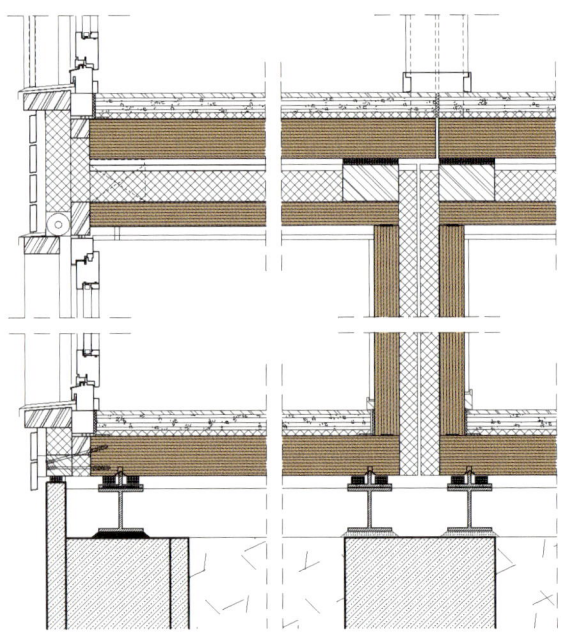

Anlieferung der fertig installierten Module
noch ohne Fassadenbekleidung
Delivery of modules with completed installations,
but without façade cladding

ADRESSE Wien 19, Nussberggasse 12a BAUTRÄGER Privat PLANUNG+BAUZEIT Planungsbeginn 1999, Bau 2003–05 KENNGRÖSSEN Wohnfläche 589,04 m²
Nutzfläche 784,08 m²/6 WE BAUKOSTEN ca. € 1 Mio. MITARBEIT Christoph Romer, Frank M. Schulz FACHLEUTE Statik DI Johann Riebenbauer; Holzbau Kulmer
Holz-Leimbau PREIS wienwood 05 (proHolz Austria) – Preisträger 2005

ADDRESS Vienna, 19th district, Nussberggasse 12a CLIENT Private PLANNING+CONSTRUCTION PERIOD start of planning 1999, construction 2003–05
SPECIFIC SIZES residential surface area 589.04 m², effective area 784.08 m²/6 RU CONSTRUCTION COSTS ca. € 1 m STAFF Christoph Romer, Frank M. Schulz
EXPERTS statics DI Johann Riebenbauer; wood construction Kulmer Holz-Leimbau AWARDS wienwood 05 (proHolz Austria) – award winner 2005

Adressen des Übergangs

Addresses of Transition

Graz, Mühlgangweg Übergangswohnungen Bebauungsvorschlag, 2005

Graz, Mühlgangweg Starter apartments project
proposal, 2005

Im Grazer Projekt Grünanger konnte über Jahre die Aufgabe des
minimalen Wohnens studiert und erforscht werden – eines minimalen Wohnens, das nicht aus einem ästhetischen Kargheits-
willen erwächst, sondern eine leistbare Hülle für sozial benach-
teiligte Menschen meint. Ähnliches war nun im Fall einer anderen
Grazer Initiative gefragt. In Zusammenarbeit mit der Caritas der
Diözese Graz-Seckau und dem Team ON („Ohne Nest"), einer
privaten „Initiative für Menschen am Rand der Gesellschaft", war
ein Konzept zu erstellen, das sogenannte Übergangswohnungen
im Grazer Schönauviertel entwickeln sollte. Die zukünftigen
Bewohner würden Menschen sein, die sich in kleinen Apartments
auf ein selbständiges dauerhaftes Wohnen vorbereiten, nachdem
sie in persönlichen Notlagen an den Rand der Gesellschaft gera-
ten waren. Es gibt in Graz mehrere Abstufungen des „zugewiese-
nen Wohnens". In der Grazer „Wohnkaskade" sollen diese Startwohnungen nun eine eigene Stufe erfüllen.
Die Idee vom eigenen kleinen Apartment, dem Schutzraum, zu
dem man die Tür zumachen kann, um ganz alleine zu sein, hat
hier ein Wohnmodul generiert, das im Kleinen alles enthalten soll,
was den häuslichen Alltag ausmacht. So kann man das Projekt
von dieser kleinsten Zelle her beschreiben, die auf 20 m² Bad,
Küche, Schrank, Tisch und Bett bietet und trotz ihrer Kleinheit
eine Tür zwischen „Heim" und „Welt" schließen lässt. Das Holzmodul ist auch hier das mögliche Grundelement, selbst wenn
es nicht die Bautechnik sein mag, die schließlich eingesetzt wird.
Das Modul gibt den Grundrissrhythmus vor und geht von der
Single-Wohnzelle von ca. 6,25 x 4,0 m aus, die sich in der Reihe zur
2-/3-/4-Zimmer-Wohnung verbinden lässt.
An Laubengängen sind die Apartments in vier Paketen um den
Bestand des alten Tanzhauses samt seinem baumreichen Grundstück arrangiert. Mal doppelseitig mal einseitig von einem gemeinsamen Zugangsweg abgehend, verfügt jede kleine Wohnung
über eine Haustür, eine Klingel und einen Briefkasten – die klassischen Inhaltsstoffe der Adressbildung. Die Zimmer selbst öffnen
sich auf die balkontiefe Außenfassade mit Abstellboxen auf den
Loggien. Diese Fassade ist für die kleinen Apartments ein wert-
volles Element des dosierten Übergangs von außen nach innen.
Hier lässt sich, wie hinter einem Schleier, die eigene Wohnung erweitern und abgrenzen.

The task of building minimal living opportunities was studied and
researched for years in the Graz Grünanger project. Not minimalist
living arising from a desire for ascetic aesthetics, but from the need
to provide affordable shelter for the needy. A different Graz initiative had a similar aim. In cooperation with Caritas, the charitable
organization of the diocese of Graz-Seckau and the Team ON ('Ohne
Nest,' without a nest), a private initiative for, 'people on the fringes
of society,' the objective was to create a concept to develop so-
called transitional apartments in the Schönau area of Graz. The
future residents would be people preparing for long term independent residence in small apartments, after having slid into precar-
ious personal situations on the fringes of society. There are many
levels of 'allocated living' in Graz. These starter apartments in the
Graz 'residential cascade' are meant to address a separate level.
The idea of an own small apartment, the sheltered space with a
closable door enabling residents to be alone generated an apartment module that contains everything required for an everyday
household on a small scale. Thus the project can be described in its
smallest cell, which contains a bathroom, kitchen, closet, table and
bed within 20 m² and still has a door that can be closed between
'home' and 'the world.' A wood module is also the possible basic
element here, although it may not be the construction technology
ultimately used. The module defines the ground plan rhythm start-
ing with a single residential cell measuring approx. 6.25 x 4.0 m
that can be connected in a row to create 2/3/4-room apartments.
The apartments are arranged in four packets around the existing
old dancing hall with its tree-lined surroundings. They are double-
sided and single-sided structures with common access paths.
Each small apartment has its own door, a doorbell and a mailbox –
the classic address-building components. The rooms have balcony-
deep openings with storage boxes in the individual loggias. This
façade is an important element that paces inside-outside transition. It is possible to extend or limit your own apartment as if behind a veil.

Das Büro beschreibt das Projekt in einer Konzeptskizze:

Die Startwohnungen am Mühlgangweg wollen Menschen mit niedrigem Einkommen qualitativ hochwertigen Wohnraum zu leistbaren Konditionen für eine zeitlich definierte Übergangsphase bieten. In dieser Zeit sollen die Menschen die Möglichkeit und die Chance erhalten, ihre Zukunft zu planen und die Weichen dafür zu stellen.

Zielsetzungen sind insbesondere:

_Die Schaffung von preisgünstigem, qualitativ hochwertigem Wohnraum in Wohnungen mit befristeter Mietdauer von maximal 5 Jahren. Eine begleitende Betreuung ist grundsätzlich nicht vorgesehen.

_Der Bau der Anlage soll mit Zuschüssen aus der Wohnbauförderung des Landes Steiermark finanziert werden, wobei die Caritas der Diözese Graz-Seckau nicht als Bauträger auftreten möchte. Das Projekt soll in Partnerschaft mit einer Wohnbaugenossenschaft realisiert werden (Objektförderung).

_Wohnungen werden zu günstigen Mietpreisen für Menschen mit geringen finanziellen Mitteln zur Verfügung gestellt. Die Mietpreise werden in einer Höhe angesetzt, dass keine weiteren Wohnbeihilfen seitens der öffentlichen Hand notwendig sind (keine Subjektförderung).

_Die Vergabe eines Großteils der Wohnungen soll durch die Caritas nach einem gründlichen Clearing erfolgen. Auch hier gilt es, Partnerschaften einzugehen, da die Wohnungsverwaltung ausgelagert werden soll.

_Unter Einbeziehung integrativer Aspekte sollen die Wohnungen In- und Ausländern zugänglich sein.

The office describes the project in a concept sketch:

The starter apartments on Mühlgangweg aim to offer people with low incomes an affordable high-quality living space for a predefined transitional phase. In this time the people should be given the chance to plan their future and set the corresponding course. The specific objectives are:

_The creation of inexpensive, high-quality living space with lease periods limited to a maximum of 5 years. Accompanying counseling is basically not planned.

_The construction of the project should be financed with subsidies from the Province of Styria, the Caritas charitable organization of the Graz-Seckau diocese does not want to act as the client. The project should be realized in partnership with a cooperative construction organization structure (object subsidy).

_Apartments will be made available to people with limited financial resources at low prices. The rental prices will be calculated to be affordable without state aid (no subject subsidies).

_As the charitable organization, Caritas will allocate a large part of the apartments after a thorough clearing. Partnerships are also desirable here since apartment administration will be outsourced.

_The apartments will be available to Austrian nationals and foreigners in order to address integrative aspects.

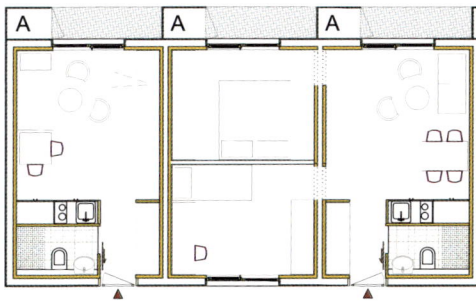

Kombinationsmöglichkeit im Grundriss von der 1- bis zur 4-Zimmerwohnung
Ground plans for 1 to 4-room apartment combination possibilities

Bildmontage eines Bauteils im Baumbestand des Mühlgangwegs
Image collage of a construction component among the trees along Mühlgangweg

Adaptionsmöglichkeit – behindertengerecht
Adaptation possibility – suitable for disabled persons

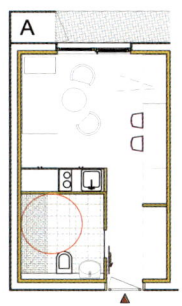

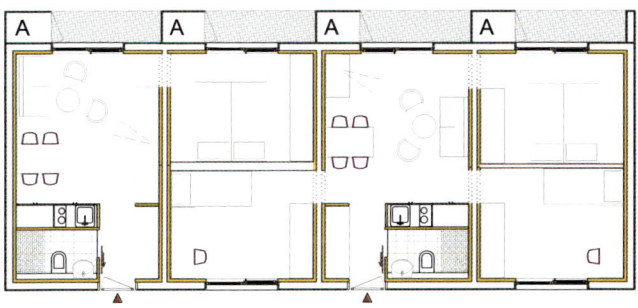

Fröhlichgasse

15 Stellplätze
Rasengittersteine

ADRESSE Graz-Jakomini. Mühlgangweg 5, Fröhlichgasse (Schönauviertel) BAUTRÄGER Caritas der Diözese Graz-Seckau PLANUNG+BAUZEIT Projekt ab 2005
KENNGRÖSSEN BGF 1.240m², Wohnnutzfläche 875m²/32 WE BAUKOSTEN geschätzt € 1,5 Mio. MITARBEIT Sonja Wiegele

ADDRESS Graz-Jakomini, Mühlgangweg 5, Fröhlichgasse (Schönauviertel) CLIENT Caritas of the diocese of Graz-Seckau PLANING+CONSTRUCTION PERIOD
Project as of 2005 SPECIFIC SIZES gross floor area 1,240m², effective area 875m²/32 RU CONSTRUCTION COSTS estimated € 1.5 m STAFF Sonja Wiegele

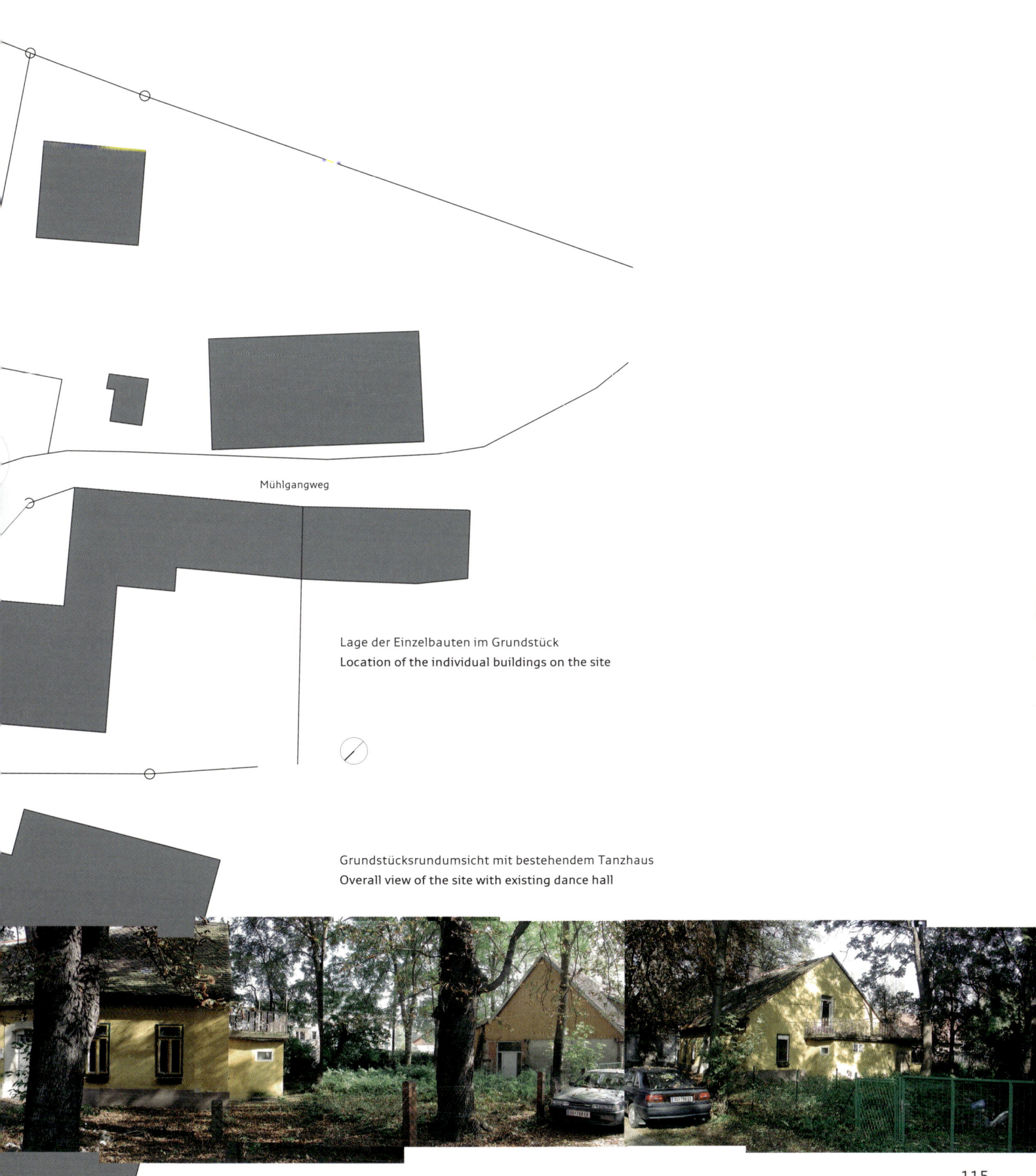

Mühlgangweg

Lage der Einzelbauten im Grundstück
Location of the individual buildings on the site

Grundstücksrundumsicht mit bestehendem Tanzhaus
Overall view of the site with existing dance hall

Verdichten im Minimalen

Densifying of the Minimal

Graz, Grünanger Ökosozialer Wohnbau im Bestand, 1999–2006

Graz Grünanger Eco-social residential development in an existing neighborhood, 1999–2006

In einem ehemaligen Barackenlager für Umsiedler des Zweiten Weltkriegs wohnen seit Jahren Menschen am Rand der sozialen Skala. Das Quartier vermittelt heute den Eindruck einer Kleingartensiedlung in einem Teil von Graz, der einmal peripher war und den die Siedlungserweiterungen der letzten Jahrzehnte nun umschließen. Die bestehenden, bescheidenen Häuser am Grünanger haben ihre Verwandlung von ehemaligen Baracken zu geliebten, kleinen Welten größtenteils durchschritten. Gärten werden gepflegt, Zäune gestrichen und die Briefkästen erhalten Post. Damit hat das Viertel alles, was die Identifikation mit dem Ort begünstigt. Ein stadtnahes, ebenerdig bebautes Grundstück in Murnähe erweckt entsprechende Begehrlichkeiten, besonders wenn es „nur mit Holzhütten" bebaut ist. Spekulationen um den Abriss des Wohnstandortes wurde durch die Stadt Graz mit einer Flucht nach vorn begegnet, indem eine Planung beauftragt wurde. Mit dem Gedanken, baulich sorgsam zu verdichten, wurde dem Standort Grünanger der entscheidende Impuls gegeben, den heutigen Bewohnern trotz Zuzug ihr Milieu zu erhalten. Damit wird einerseits versucht, die Qualität des individuellen Wohnens im „eigenen Häuschen" menschenwürdig fortzuführen und andererseits die Vorteile einer städtischen Wohnung für mehr Menschen nutzbar zu machen. Die bestehenden Häuser am Grünanger vermitteln äußerst nachvollziehbar, wie ein schlichter Bautyp ein dauerhaftes Siedlungsgepräge formen kann, nachdem er durch Benutzung das Image eines Provisoriums abgelegt hat. Auch in der neuen Verdichtung des Quartiers um ca. 40 Wohnungen sollte die Zielgruppe derer angesprochen werden, die sich anderswo keinen Wohnraum leisten können. Damit war die Frage nach dem Standard und dem, was Wohnen wirklich ausmacht, in einer räumlich reduzierten wie finanzierbaren Form gestellt.

People on the edge of society have lived in the former barracks built for displaced citizens after WWII for years. Today, the project in an area that once lay on the periphery of Graz, but which is now surrounded by expanding residential developments, has the appearance of a small garden house project. The existing humble houses in the Grünanger area have largely completed their transformation from former barracks to small worlds loved by their residents. Gardens are tended, fences are painted and the mailboxes contain mail. This gives the area everything that fosters identification with the locality. A site with ground-level development close to the Mur River awakens desires, especially if it is only developed 'with wood huts.' The city of Graz met speculations on whether the development would be torn down with an offensive move by commissioning planning for the area. The Grünanger area was given a decisive impulse by deciding to densify the neighborhood carefully and to preserve the milieu of the existing residents. This attempt maintained the existing quality of humane individual living in an 'own house,' while allowing for an urban residential development that opened the area to more inhabitants. The existing Grünanger houses clearly show how a simple construction type can shape a long-term residential project. The traces of use have erased the provisional image of the development. The new densification of the area with approx. 40 units was meant to appeal to those who can't afford living space anywhere else. This gave rise to the questions of which standard, and what really defines living in a spatially reduced and financially limited form.

Der lange Weg der Varianten
Die Suche nach dem praktikabelsten Typ hat sich in mehr als fünf Jahren der Bearbeitungszeit zu einer grundlegenden Positionierung im minimierten Wohnungsbau herauskristallisiert. Das Resultat waren letztlich drei unterschiedliche Haupttypen mit unzähligen Zwischenstufen. Immer stand im Vordergrund, auch in der kleinsten Wohneinheit die Grundcharakteristika der eigenen Adresse, d.h. die Ingredienzien einer „Wohnwürde", zu sichern. So sollen Grünangerbewohner auch in Zukunft ihren kleinen Garten haben, den sie einzäunen können und der ein Schutzraum im Freien sein kann. Von Anfang an wurden die Möglichkeiten der Vorfertigung und des Holzmoduls geprüft. Aus dieser Logik heraus entwickelten sich Varianten immer als Kombinationen eines Modulrepertoires und haben in der realisierten Fassung zwei Wohnungstypen von 33 m² und 62 m² hervorgebracht. Dass es zum Schluss doch kein Modul ist, aus dem die Einzelwohnungen bestehen, war ein Zugeständnis an die geringe Menge der Einheiten. Hier stieß das Modulprinzip an die Wirtschaftlichkeitsgrenze der Fabrikation, die erst bei größerer Stückzahl zur Massenfabrikation werden kann.

The long trail of variants
The search for the most practicable building type crystallized into a fundamental position in minimized residential construction after various ideas were though through over five years. The ultimate results were three different house types with innumerable structural interstages. The main point was always the ability to give even the smallest residential unit the basic characteristics of an individual address, i.e. the ingredients of 'humane' living. Hence Grünanger residents should also have their own small garden in the future that they can fence in or use as a protected open space. The possibilities of prefabrication and wood modules were explored from the very beginning. This logic led to the development of a repertory of combinable module variants that evolved into two realized unit types with 33 m² and 62 m² of residential surface. The fact that the individual apartments are not modular structures was a concession made in view of the small number of units. This limited the cost effectiveness of a mass-produced modular construction approach, which is only possible in larger quantities.

Die bestehenden Gebäude am Grünanger dokumentieren die Entfaltungsmöglichkeiten zwischen Vorgartenidyll und Eremitage. The existing buildings at Grünanger document the development possibilities from a front garden idyll to a hermitage.

Variante 1 Rücken an Rücken

Eine erste Spielart der Möglichkeiten gründet auf der Idee, einen zentralen Versorgungsstrang zum Rückgrat einer daraus abgeleiteten Back-to-back-Figur zu machen. In einer nach Ost und West ausgerichteten Reihe würden die Versorgungsmedien der Wohnungen zur Mitte zusammenkommen. Dieser Typ wurde eingeschossig und mit zweigeschossigen Maisonetten ausprobiert. Lang und schlank würde das Einzelhaus dabei sein, von der Stirnseite in die Tiefe erschlossen, wobei das gefangene Zimmer am Ende des Grundrisses oder, in der zweigeschossigen Version, über ein Mini-Atrium Licht bekommt. Bei diesem Typ wurde geprüft, wie man trotz einseitiger Ausrichtung, die Licht- und Luftbedürfnisse des „Durchwohnens" leisten kann.

Variante 2 Die Kernanordnung oder der „Quadratling"

Der Windmühlen-Typ mit doppelter Symmetrie hat sich als sehr praktikable Variante erwiesen. Bei Berechnungen, die im Rahmen der Programmlinie „Haus der Zukunft" vom Institut für Wärmetechnik der TU Graz (ao. Univ.Prof. Dr. Wolfgang Streicher) durchgeführt wurden, kombinierte sich die Kompaktheit mit einer dennoch großzügigen Fensterfläche zum geringsten Wärmebedarf aller Varianten. Um vier Sanitäreinheiten herum richten sich genauso viele Wohnmodule je Etage in alle Himmelsrichtungen. Maisonnetten sind ebenso möglich wie Stockwerkswohnungen. Auch lässt sich der „Quadratling" öfter, d.h. in engerer Weise, auf den gegebenen Grundstücken verteilen. Wahrscheinlich ist diese kompakte Version das wertvollste Abfallprodukt der Grünanger Variantenserie. Zum tatsächlichen Einsatz kam nämlich eine andere Spielart, die eines Reihentyps.

Variante 3 Die Reihe

Eigentlich lässt sich dieser Typ nicht endlos reihen. Vielmehr setzt sich ein Viererpaket von Modulen, die nun eigentlich keine konstruktiven Module mehr sind, so zusammen, dass um das mittige Treppenhaus pro Etage je zwei kleine Wohnungen von 33m² (1–2 Zimmer) und in den äußeren „Modulen" je eine Maisonnettewohnung mit 62m² (3–4 Zimmer) unterkommen. In diesem Muster lassen sich kleine 6er-Wohnpakete in die freien Grundstücke des Grünangers verteilen. Jedes „Modul" hat seine Garteneingangstür, die zu einem Vorbau führt. Dieser Vorbau flankiert den ins Haus hineingezogenen Eingang. Im Erdgeschoß ist er Windschleuse, im Obergeschoss ein Abstellraum. So kombiniert diese Variante zwei der am meisten nachgefragten Wohnformen in einem Baukörper, bei denen außerdem alle Bewohner ihre Wohnung direkt von außen betreten. Der schließlich realisierte Baustandard am Grünanger lässt über die Gratwanderung zwischen Konzept und Details nachdenken. Dass sich um die Neubauten erst mit der Zeit ein gewachsenes Milieu formen wird, trifft nicht nur wörtlich auf die Bepflanzung zu, sondern auch auf das langsame In-Besitz-Nehmen der eigenen Gärtchen und Vorzonen der Häuser.

Variant 1 Back to back

The first permutation was based on the idea of a central supply tract built as the central supply line backbone which would give the development its back-to-back shape. The east-west alignment of the row would set the apartment supply lines in the middle. This unit type was tested with one-level and two-level maisonettes. The individual houses would be long and slender with deep, front side access. The enclosed room at the end of the ground plan would be lit by a generous roof window or a mini atrium in the two-level version. This type was an attempt to meet the light and air requirements of affordable 'through living' despite the house's one-sided construction.

Variant 2 Core alignment or the 'Quad'

The windmill building type with double symmetry proved to be a very practicable variant. Calculations made during the Haus der Zukunft (House of the Future) program at the Institute of Heat Engineering of the Graz University of Technology (TU Graz, under Univ.Prof. Dr. Wolfgang Streicher) showed that the combination of the unit's compactness and its nonetheless generous window surfaces gave it the lowest energy requirements among all variants. Four sanitary units are surrounded by the same number of apartment modules per level facing in all four directions. Maisonettes as well as apartment levels are possible. The quad can therefore also be closely distributed on assigned sites. This compact version is the most important by-product of the Grünanger variant series. The permutation that was actually used was another, the row house.

Variant 3 The row

This building type actually cannot be built in endless rows. It is much rather a pack of four modules that aren't actually constructive modules anymore. They are built with two 33m² apartments (1–2 rooms) per level surrounding a central staircase and two 62m² exterior maisonette 'modules' (3–4 rooms). Small residential six-packs can be distributed on the vacant Grünanger sites in this pattern. Every module has its own garden entry doorway that leads to a fore-building. This projecting structure flanks the recessed entrance of the house. It serves as a wind shelter on the ground level and as a storage room on the upper level. This variant combines the unit shapes most in demand in one structure which gives residents direct exterior access to their apartments. The construction standard ultimately realized on the Grünanger site illustrates the fine line between the concept and details. The slow development of a milieu surrounding the new buildings over time can be seen literally in the growth of the project's greenery and the slow appropriation of the house's gardens and fore zones.

Über die verstreut liegenden Grundstücke verteilt stehen die Neubauten immer im Verhältnis zu den eingeschossigen Holzhäusern der über 60 Jahre alten Siedlung am Grünanger.
The new buildings are spread across the scattered sites and always set in proportion to the one-level wood houses of the 60-year old Grünanger development.

Modell, Grundrisse und Schnitte   Model, ground plans and sections

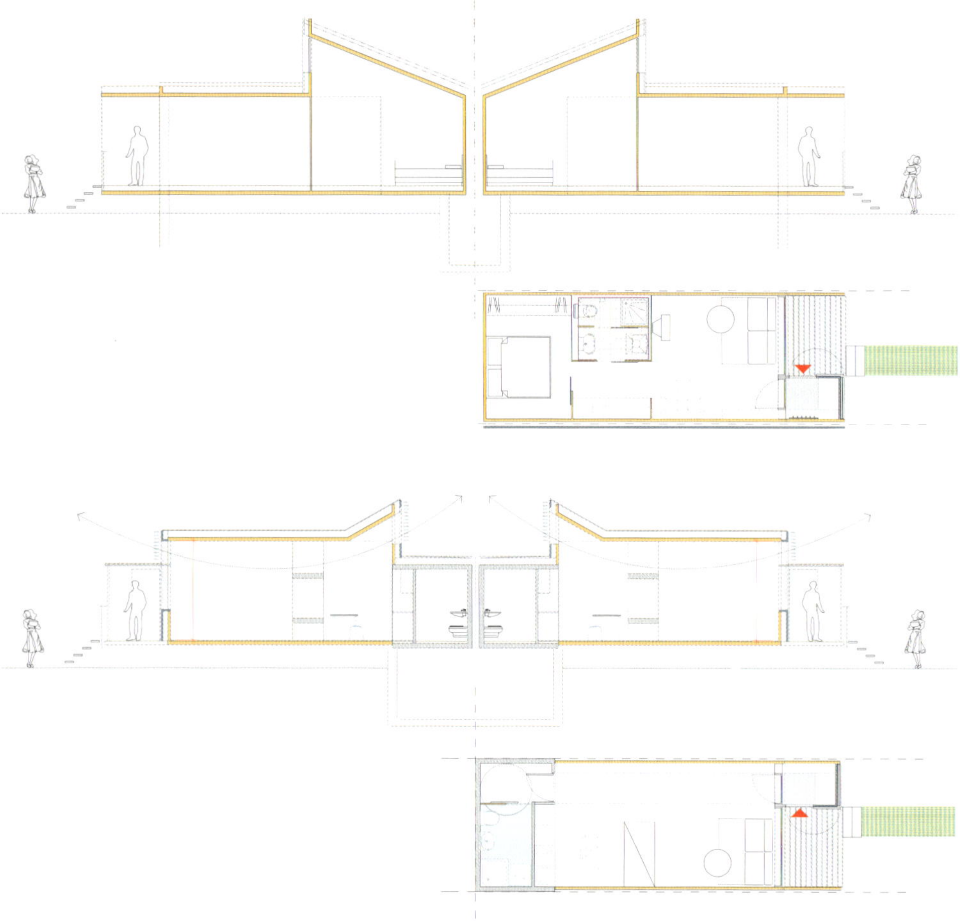

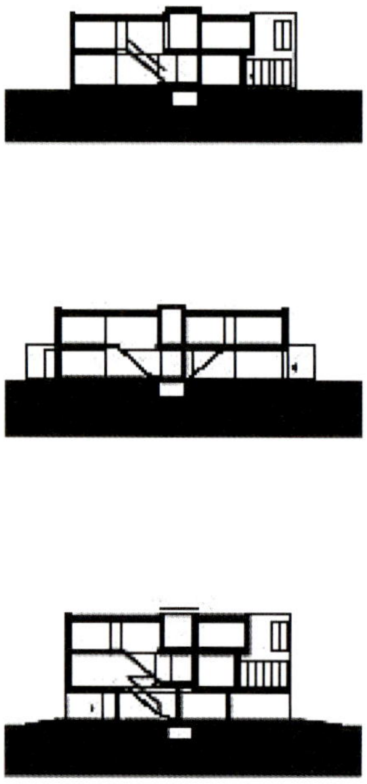

Back-to-back-Typen für den Grünanger
in zweigeschossigen Varianten
Back to back, two-level variant types
for the Grünanger

Back-to-Back · Nach Osten und Westen ausgerichtete Variante mit zentralem Versorgungsschacht
Back to back · The variant set to the east and west with central supply wells

Entwicklung des Back-to-back-Typs um eine mittige Versorgungs-und Erschließungsachse in weiteren Projekten und Bauvorhaben
Development of the back to back type with a central supply and access axes in further projects and construction tasks

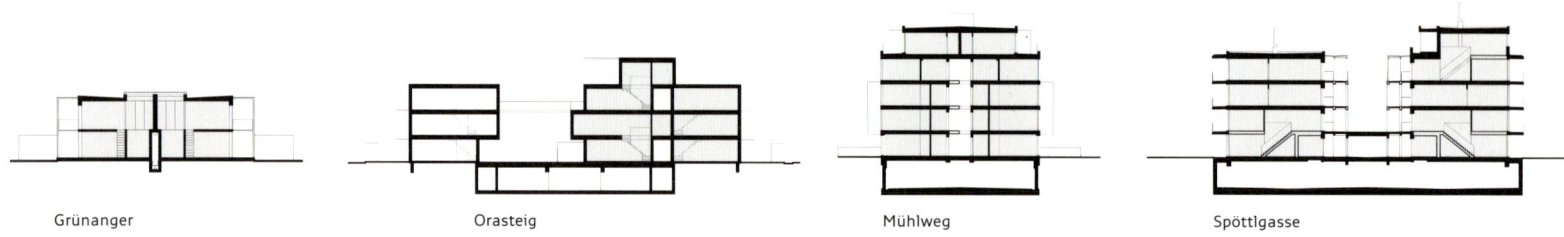

Grünanger   Orasteig   Mühlweg   Spöttlgasse

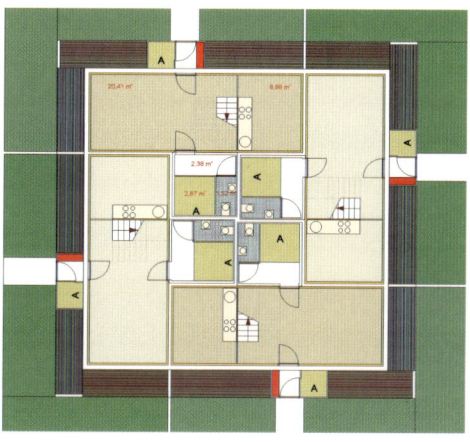

„Der Quadratling"– allseitig ausgerichtete zweigeschossige Variante
Modell, Erdgeschossgrundriss und Verteilung im Bestand des Grünangers
'The Quad.' Two-level variant facing all directions · Model, ground level ground plan and distribution within the existing Grünanger development

Eine Weiterentwicklung des „Quadratling"-Prinzips im Projekt Trofaiach IV (2006–07)
One variant of the 'Quad' was developed for the Trofaiach IV project (2006–07)

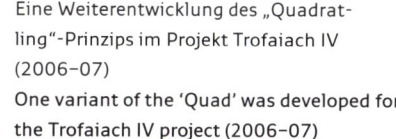

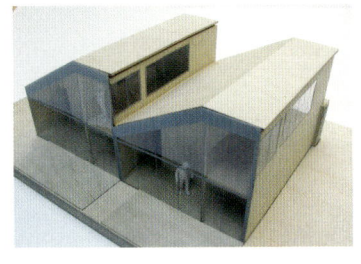

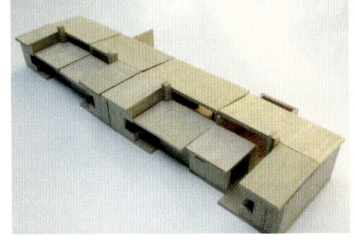

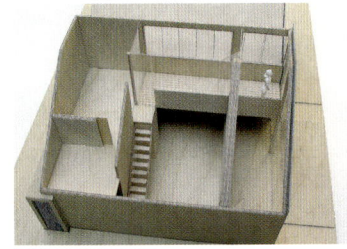

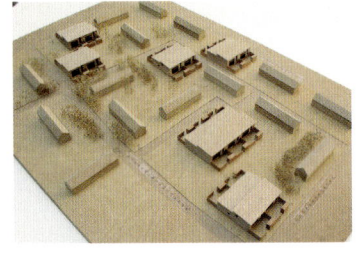

  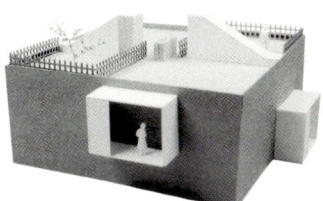 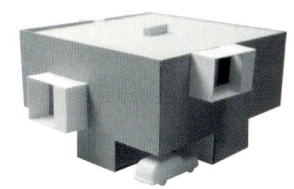

An zahlreichen Modellstudien wurden weitere Spielformen des Minimalhauses auf ihre Gruppierungs- und Einbindungsmöglichkeiten, ihre Außenräume oder Fassadengestaltung überprüft.

Additional minimal housing grouping and integration options were tested in a number of model studies, along with their exterior spaces and façade design.

Ausgeführte Variante des Nischentyps am Grünanger · Zustand nach Fertigstellung mit zementgebundener Spanplatte als Fassadenmaterial
Completed niche-type Grünanger housing variant · Condition after completion
using cementbound chipboards as the façade material

Die Grundrisse von Obergeschoss und Erdgeschoss zeigen den außen liegenden zweigeschossigen Typ und die Kleinapartments an der Treppe.
The upper level and ground level ground plans show the two-level type set
to the outside and the small apartments on the steps.

Rendering einer Hauseinheit   House unit rendering

124

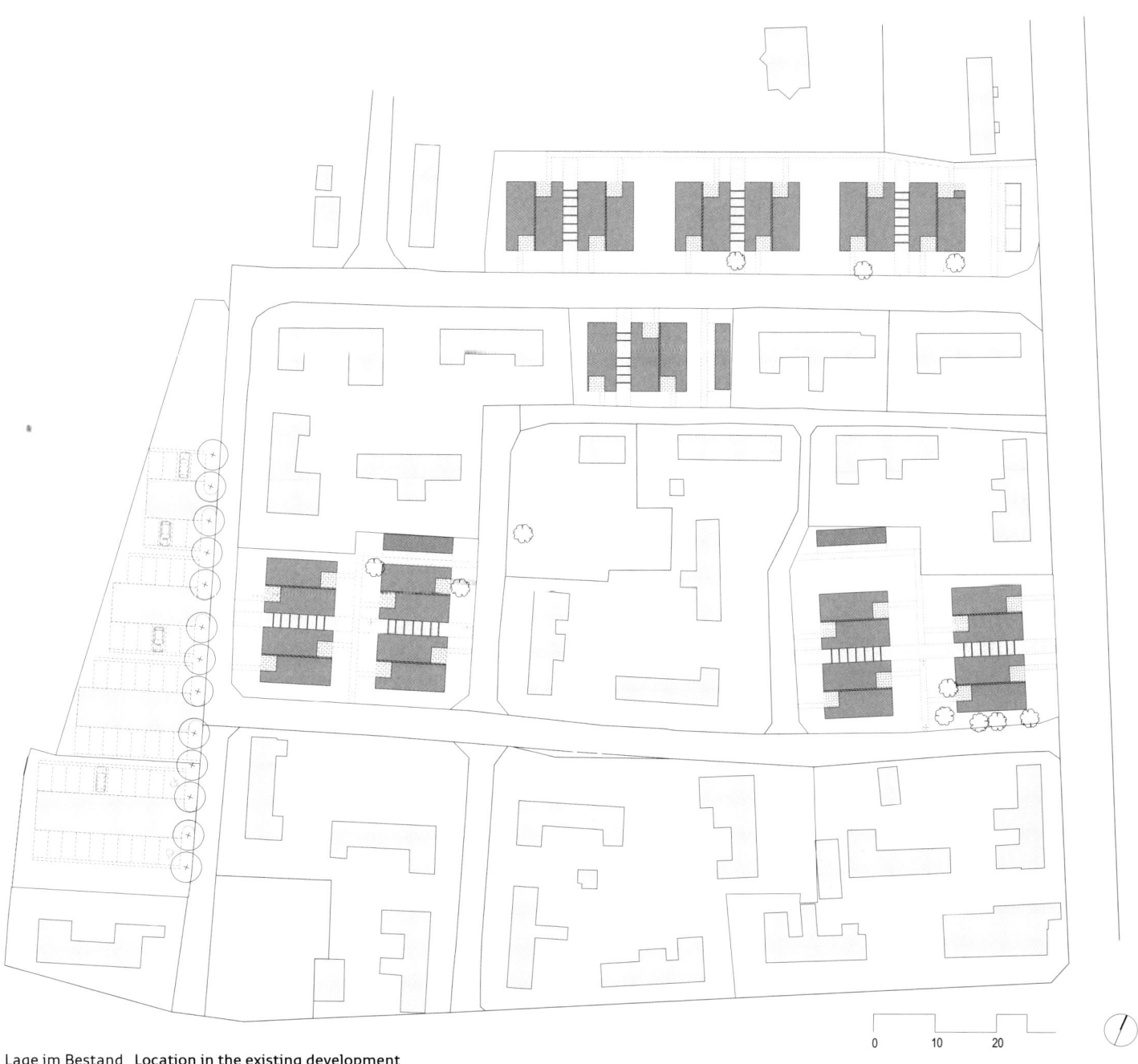

Lage im Bestand   Location in the existing development

ADRESSE Graz-Liebenau, Grünangersiedlung, Andersengasse, Eduard-Keil-Gasse, Pichlergasse, Theyergasse BAUTRÄGER Österreichische Wohnbaugenossen-schaft, ÖWG Graz PLANUNG+BAUZEIT Planung ab 1999, Realisierung von 47 WE 2005–06 KENNGRÖSSEN Förderung für Nettonutzfläche/Hauseinheit 2 x 64 m², 4 x 34 m²/47 WE (im 1. BA eingereicht) BAUKOSTEN € 2,2 Mio. MITARBEIT Georg Eder, Anja Demuth, Frank M. Schulz, Sonja Wiegele FACHLEUTE Haustechnik Ing. Heinrich Pickl, Pickl & Partner, GesmbH für integrierte Haustechnik; Bauphysik DI Heinz Ferk, Institut für Wärmetechnik, Prof. Streicher, Generalunternehmer Fa. Kulmer, Pischelsdorf

ADDRESS Graz-Liebenau, Grünangersiedlung, Andersengasse, Eduard-Keil-Gasse, Pichlergasse, Theyergasse CLIENT Österreichische Wohnbaugenossenschaft, ÖWG Graz PLANNING+CONSTRUCTION PERIOD planning as of 1999, completion of 47 RU 2005–06 SPECIFIC SIZES subsidy applicaton for net floor area/house unit 2 x 64 m², 4 x 34 m²/47 RU (in the first construction segment submitted) CONSTRUCTION COSTS € 2.2 m STAFF Georg Eder, Anja Demuth, Frank M. Schulz, Sonja Wiegele EXPERTS building technology Ing. Heinrich Pickl, Pickl & Partner, GesmbH für integrierte Haustechnik; structural physics DI Heinz Ferk, Institut für Wärmetechnik, Prof. Streicher; general contractor Fa. Kulmer, Pischelsdorf

Perspektiven einer Wiener Wohntradition

Wien, Wettbewerbe „Neue Siedlerbewegung" 2005
Standort 21 Orasteig, BA1, Wien 21

Wenn sich die Stadt Wien auf ihre Siedlerbewegung nach dem Ersten Weltkrieg besinnt und ein Programm für das 21. Jh. daraus begründet, dann stehen sowohl parallele als auch neue Motive städtischen Wohnens zur Diskussion. Unter dem Motto „Neue Siedlerbewegung" waren Grundstücke in einem Wettbewerb für Bauträger und Architekten ausgewiesen, der das Wohnen in der Stadt und gleichzeitig im Grünen thematisierte. Galt es nach 1918 das in Wien betriebene wilde Siedeln, das aus blanker Armut entstanden war, in eine menschenwürdige Bebauung zu überführen, so steht das wilde Siedeln von heute eher unter dem Stern der baupreisbedingten Stadtflucht von Bauwilligen ins Umland. Die Stadt Wien hat das Interesse, den Schwund jener Wiener zu zügeln, die jenseits der Stadtgrenzen wohnen, aber die komplette Infrastruktur der City nutzen. Die Menschen in der Stadt zu halten und ihnen das zu bieten, was sie im Grünen suchen, hat sich dieser Wettbewerb zur „Neuen Siedlerbewegung" zum Ziel gesetzt. In der Aufgabenstellung sind weitere Charakteristika der Ur-Siedlerbewegung nachvollziehbar. Der Gedanke des gemeinsamen Wohnens soll dabei ohne zwingende genossenschaftliche Struktur dennoch in der Siedlungstypologie und der Architektur begründet sein. Mitbestimmung und Selbstausbau sind als Strategien nach wie vor angestrebt, wobei heute das antikapitalistische Prinzip der ersten Siedlerbewegung einer so im Auslobungstext genannten „Vielfalt der Rechtsformen" weicht. Das Ideal der Selbstbeteiligung zielt auch heute noch auf Kostenersparnis und Identifizierung durch Engagement. Es hat sich als demokratische und kreative Tugend jedoch weg von einem klassenkämpferischen hin zu einem individuellen Angebot entwickelt.

Die beiden Beiträge zu zwei Standorten, am Orasteig im 21. Wiener Gemeindebezirk und am Pelargonienweg im 22. Bezirk nahe der Stadtgrenze im Nordosten Wiens, können als Weiterführung dieser Diskussion gelesen werden. Der Vorschlag für das Wettbewerbsverfahren Orasteig zeigt Hausreihen, die bis zu viergeschossig dicht gepackt sind, dichter als ein Reihenhaus oder eine klassische Siedlerstelle mit Selbstversorgergarten. Garten und Freiraum sind heute mehr eine Freizeitgabe als eine Ernährungsgrundlage. In diesem Sinn behält zwar jede der Wohnungen diesen erweiterten Freiraum. Er kann jedoch genauso auf der Etage liegen, zur Terrasse oder zum Dach-Oberdeck werden. Der Beitrag für die Grundstücke Pelargonienweg/Breitenlee geht direkter vom Garten aus. Hier legt das Muster der Kleingartenlose den Takt der Einzelhausparzellen fest. Der Garten ist wie bei dem „Haus mit einer Mauer" von Adolf Loos mit Massivmauern begrenzt, auf die entweder einseitig längs oder über zwei Mauern gespannt Holzmoduleinheiten die Grundgröße dreier Haustypen markieren. Darunter kann nun in weiteren Selbstbauschritten erweitert werden. Diese Kernidee der schwebenden Kisten kombiniert die Perfektion eines vorfabrizierten Elements mit der Freiheit individueller Ausbauleistungen.

Die Bautypen der einzelnen Baufelder zielen bewusst auf eine größere Unterschiedlichkeit der Wohnformen, als sie das Selbstversorgerhaus von damals oder das Einfamilienhaus von heute bieten kann. Dem individuellen Anspruch an das Wohnen gerecht zu werden und dennoch eine dichte Wohnreihe vorzuschlagen, ist dadurch Genüge getan, dass jede Wohnung selbst auf der Etage eine eigene, vom Freien zugängliche Haustür hat. Gesucht ist ein

The Traditions of a Viennese Utopia

'New Settlement Movement' Competition, Vienna, 2005
Location 21 Orasteig, CS1, Vienna 21

If the city of Vienna thinks back to its settlement movements after WWI and bases a program for the 21st century on those developments, then both parallel and new urban residential motifs are up for discussion. Lots were designated for development by development companies and architects following the themes of urban living and living in green areas. If the aim after 1918 was to make the 'wild developments' that had evolved from pure destitution in the years before humane, livable projects, then the 'wild developments' of today are the result of a flight to the surrounding areas of the city by willing developers and architects for construction price reasons. The city of Vienna is interested in curbing the current trend among the Viennese of living beyond the city limits while still using the complete infrastructure of the city. Keeping people in the city and offering them the things they seek in the green areas outside is the motto of the 'Neuen Siedlerbewegung' competition. The characteristics of the original settlement movement can be recognized in the conceptual formulation of the new development plan. The idea of a residential community is couched in the project's typology and architecture without adhering to the dictum of a compulsory cooperative structure. Codetermination and individual development are still the aims, but the anti-capitalistic principle of the first settlement movement has given way to a more desirable sense of pragmatism with 'a plurality of legal forms,' as written in the public description of the project. Today, the idea of participation still aims to reduce costs and increase identification with the project by creating a sense of owner commitment. However, what used to be a class struggle virtue has developed into the democratic and creative virtue of individuality.

Both of the office's contributions for two locations, the project on Orasteig, in the 21st district of Vienna, and on Pelargonienweg, in the 22nd district on the northeastern border of the city can be interpreted as a continuation of this discussion. The proposal for the Orasteig competition shows housing rows that are densely packed into up to three levels. They are denser than a row housing or classical residential project with self-supply gardens. Today, gardens and open spaces are recreational, not survival basics. In keeping with this concept, each apartment features extended open space, but it can be within the building level of the project in form of a terrace or an upper deck on the roof. The Pelargonienweg/Breitenlee proposal takes a more direct garden approach. The small garden pattern establishes the rhythm of the individual house parcels. The garden is bordered with solid walls, similar to the 'house with one wall' by Adolf Loos. Wood module units spanning either the length of the wall on one side or extending along two walls define the basic size of three different house types. Expansion below is then possible with further do-it-yourself construction steps. This core idea of a hovering box combines the perfection of a prefabricated element with the freedom of individual extensions.

The construction types on the individual sites consciously aim at creating more diverse residential unit types than the self-supply house of the past or single-family houses today can offer. The ability to meet the demand for individual living solutions and yet propose a dense housing row comes from giving each apartment its own entrance with exterior access on the respective unit level. What is needed is a sense of individual housing and not housing with a

Haus- und kein Treppenhausgefühl. Im Grundthema „Parzelle plus Haus" entstehen neue Figurationen, die alles vermeiden, was die gebotene Dichte als Enge wahrnehmen ließe. Ob im Wechsel von Ost und West betreten, ob als sehr schlanke Längsversion versetzt im Landstreifen oder als ineinander gestecktes Mehretagenhaus: Alle Unterarten dieses Wohnangebots dosieren in beiden Beiträgen den Außenraum sehr genau, um in der Siedlungsstruktur dennoch die Abgeschiedenheit zu garantieren, die das Wohnen heute wünscht. Was in der klassischen Siedlerbewegung die „fühlende Gemeinschaft" war, könnte man heute als das informelle Gemenge der Privaten bezeichnen. Das wird im Bild der vorgeschlagenen Siedlungsmuster sichtbar, löst sich jedoch im Konstruktionsprinzip zu einem einheitlichen und wirtschaftlich angelegten Katalog von Holzmodulelementen oder Holzbauteilen auf. Nicht nur ein Materialprinzip wird den bildlichen Zusammenhang in der Siedlung herstellen. Auch ist keineswegs alles an gemeinschaftlichen Raumkategorien zugunsten eines vereinzelten Wohnglücks getilgt. Mit Nachbarschaftsplätzen, Angern und Gemeinschaftswiesen bis hin zu einem privat gepachteten Feldstück – als „Ökoparzelle" – zeigt der Garten- und Landschaftsplan des Wiener Büros PlanSinn eine Gegenwelt zum ausschließlichen Rückzug ins Private. Die Einzelgrundstücke lösen sich in der Gesamtwahrnehmung zu einem großen Park auf.

stairwell. We are searching for new figurations of the 'parcel plus house' precept that avoid all the elements which make the offered density perceivable as constriction. Whether alternately entered from east or west, whether a very slender longitudinal version set in a strip of land or as an interlocking multilevel house: all the subspecies of the solutions in both proposals dose exterior space very carefully to offer the insularity that today's living requires within the project structure. What was termed the 'feeling community' in the classical settlement movement could be called the 'feeling community of privacy' today. This can be seen in the pattern of the proposed projects, but its construction principle is based on a uniform and economic catalog of wood module elements or components. The project's visual coherence wasn't established by the use of one principal material, and the community space category wasn't completely eliminated in favor of individual residential happiness. The garden and landscape features neighborhood squares, community parklands and meadows as well as a privately leased field used as an 'ecological parcel' that offer a counterpoint to the privacy of withdrawal the project permits. The individual lots dissolve into a large park that is perceived as a whole.

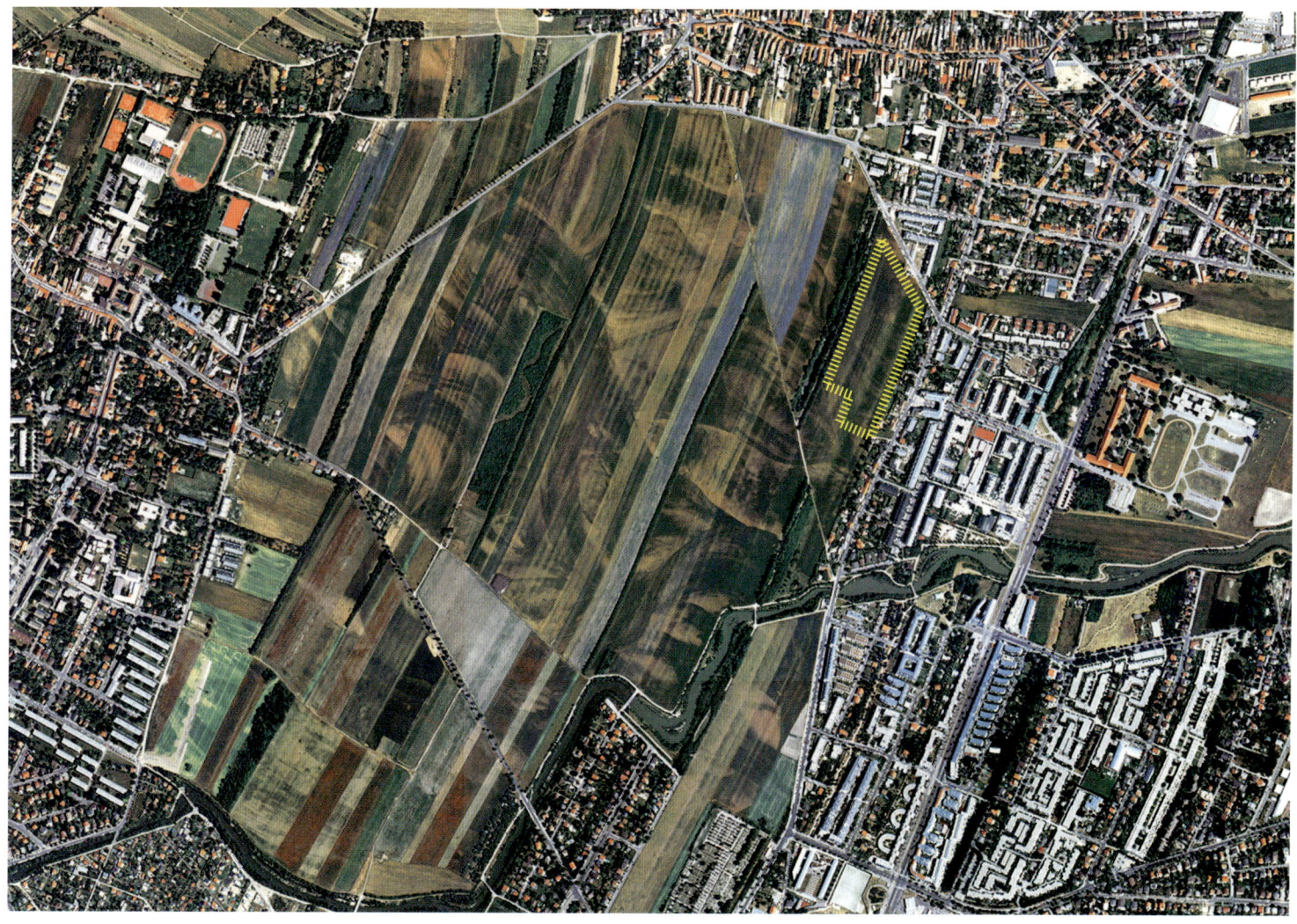

Lage des Wettbewerbsgebiets im Längsmuster von Landwirtschaft und Besiedlung · Luftbild
Location of the competition site, lengthwise in relation to the farming fields and development · Aerial view

Typ B 4 Zimmer 116 m² EG Baufeld B

Typ C 3 Zimmer 81 m² EG Baufeld B

Typ A 6 Zimmer 134 m² EG Baufeld B

Typ B 4 Zimmer 116 m² 1.OG Baufeld B

Typ C 3 Zimmer 81 m² 1.OG Baufeld B

Typ A 6 Zimmer 134 m² 1.OG Baufeld B

Typ B 4 Zimmer 116 m² 2.OG Baufeld B

Typ D 3 Zimmer 78 m² 2.OG Baufeld B

Typ A 6 Zimmer 134 m² 2.OG Baufeld B

Typ H 4 Zimmer 100 m²
2.OG Baufeld C (Brücke)

Typ D 3 Zimmer 78 m² DG Baufeld B

Typ G 6 Zimmer 149 m² EG Baufeld C

Typ H 4 Zimmer 100 m²
DG Baufeld C (Brücke)

Typ G 6 Zimmer 149 m² 1.OG Baufeld C

Typ E 4 Zimmer 110 m² EG Baufeld A

Typ F 5 Zimmer 126 m² 2.OG Baufeld A

Typ E 4 Zimmer 110 m² 1.OG Baufeld A

Typ F 5 Zimmer 126 m² DG Baufeld A

Grundrissvarianten um einen mittigen Erschließungsweg
Ground plan variants around a central access pathway

Denkmodell zum gestapelten Einzelhaus
Model of a stacked individual house for consideration

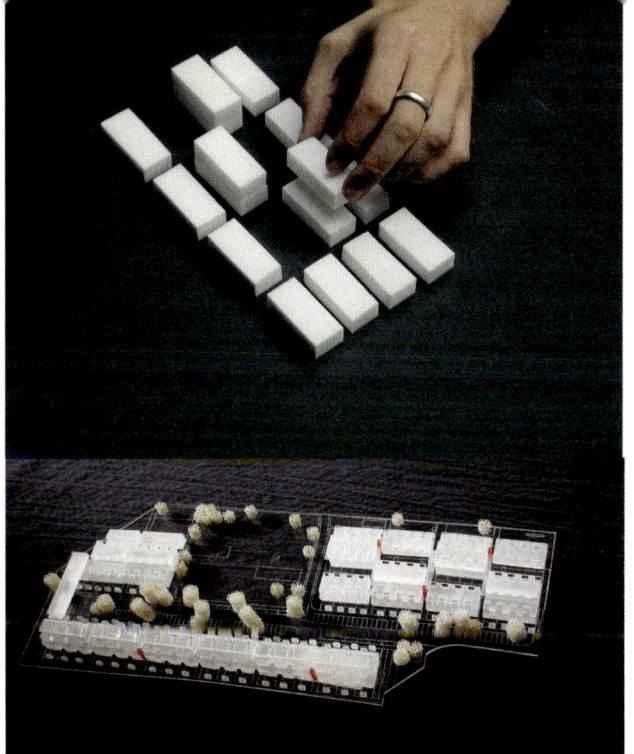

Lageplan · Anordnung der drei Siedlungsteile
Site plan · Alignment of the three development segments

Übersichtsmodell – Volumengefüge eines Haus-Stapels
Overview model – Stacked housing volume structure

ADRESSE Wien 21, Orasteig, Jedlersdorfer Straße, Luckenschwemmgasse BAUTRÄGER BAI Bauträger Austria Immobilien GmbH Wien auf Grundstücken des Fonds für Wohnbau und Stadterneuerung Wien PLANUNG Bauträgerwettbewerb 2005 KENNGRÖSSEN Nettonutzfläche 15.801,01 m²/145 WE MITARBEIT Rainer Abele, Thomas Gomilschak, Frank M. Schulz FACHBERATER JR Consult ZT GmbH; PlanSinn – Büro für Planung und Kommunikation

ADDRESS Vienna, 21st district, Orasteig, Jedlersdorfer Straße, Luckenschwemmgasse CLIENT BAI Bauträger Austria Immobilien GmbH Wien on the building sites of the Fonds für Wohnbau und Stadterneuerung Wien PLANNING client competition 2005 SPECIFIC SIZES useable floor area 15,801.01 m²; 145 RU STAFF Rainer Abele, Thomas Gomilschak, Frank M. Schulz EXPERTS JR Consult ZT GmbH; PlanSinn – Büro für Planung und Kommunikation

Wien, Wettbewerbe „Neue Siedlerbewegung" 2005
Standort 22 Pelargonienweg/Breitenlee, Wien 22, BA 1+BA 3

'New Settlement Movement' Competition, Vienna, 2005
Location 22 Pelargonienweg/Breitenlee, Vienna 22, CS 1+CS 3

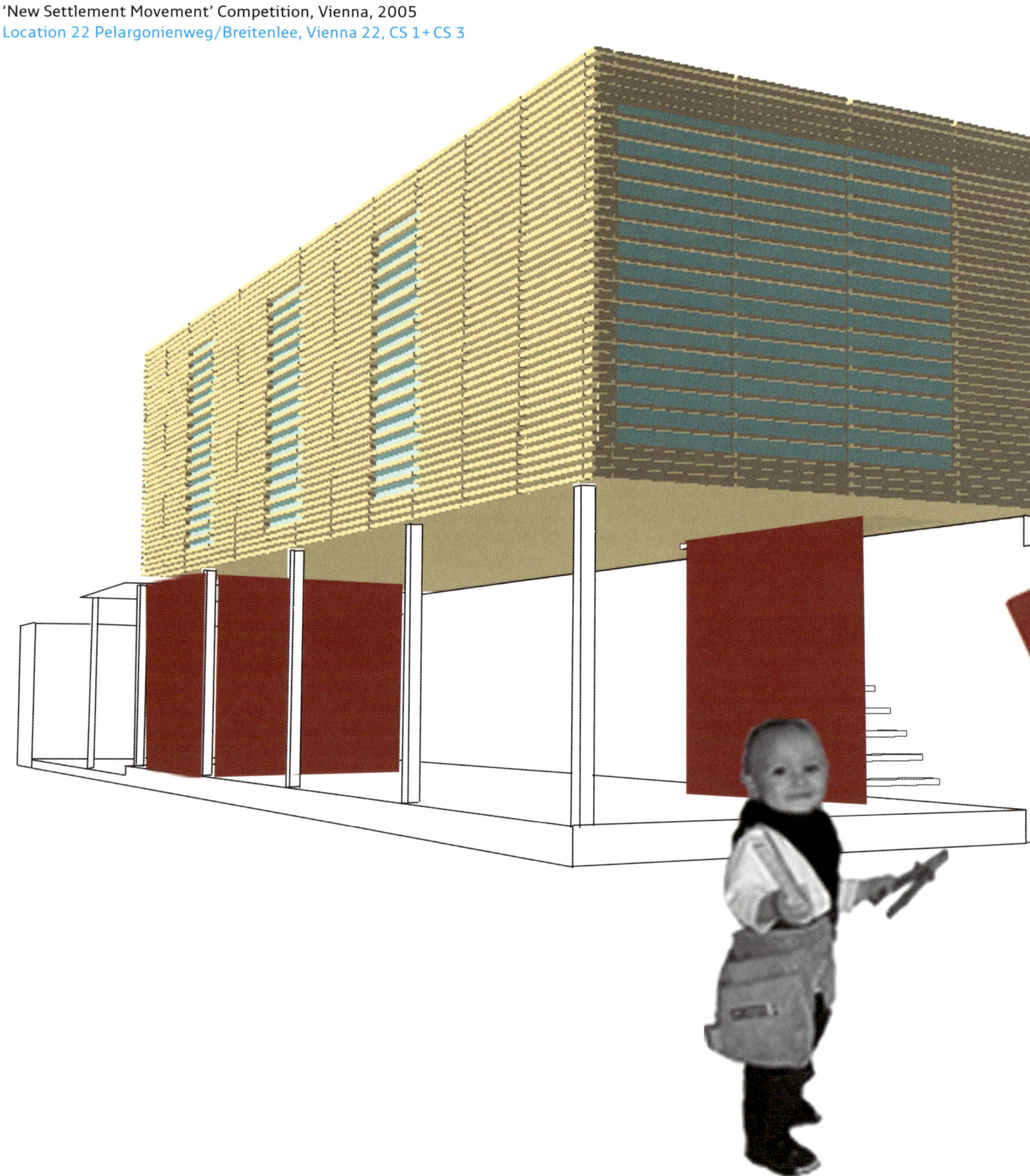

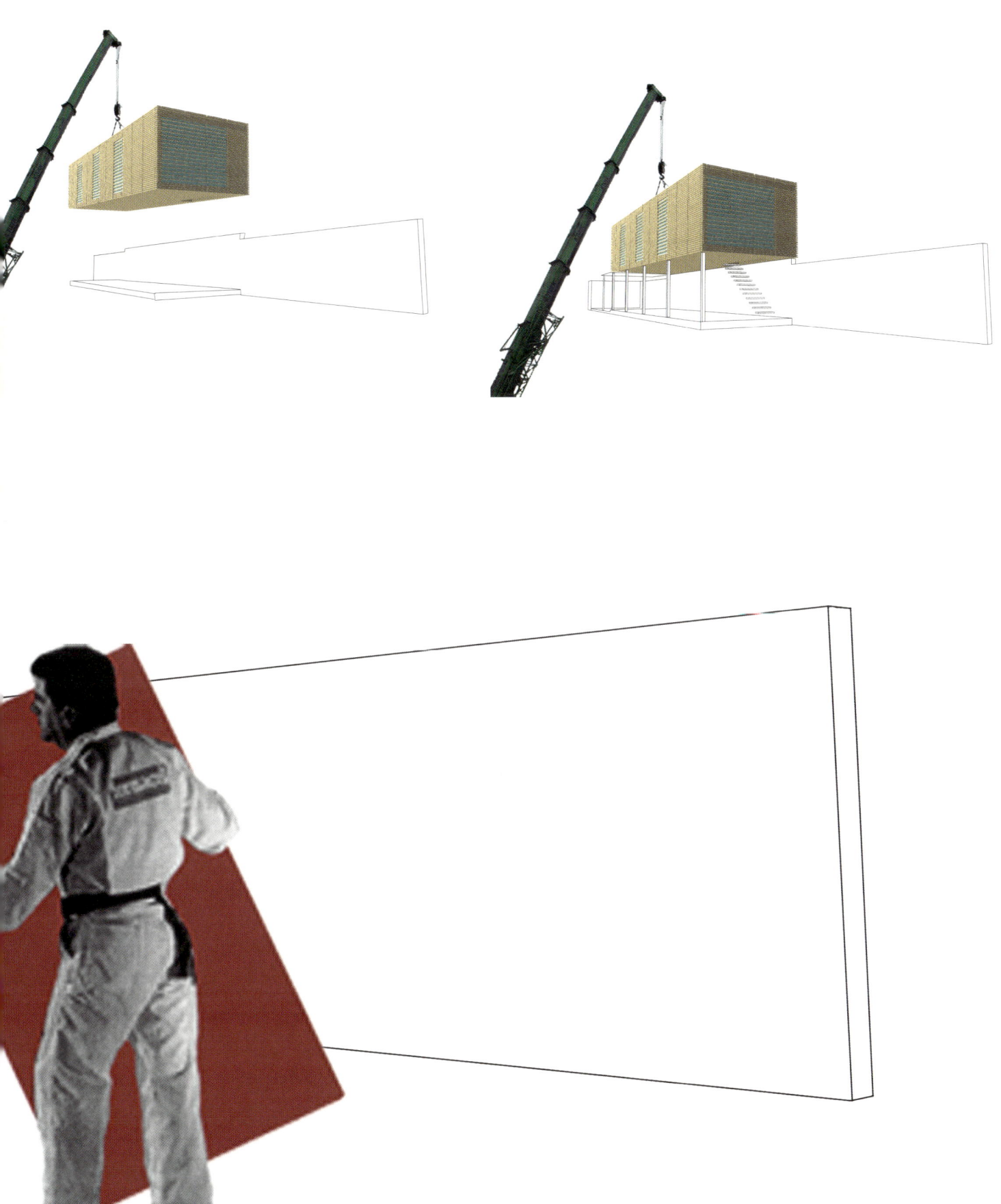

Die Möglichkeit des Selbstbaus unter dem fertig aufgestellten Modul bietet von Anfang an ein nutzbares Erd- oder Gartengeschoss.
The possibility of do-it-yourself construction under the completed prefabricated module offers a usable ground or garden level from the beginning.

Luftbild des Wettbewerbsgebiets
Aerial view of the competition site

Auf Abstand gesetzte Bebauungsteile übernehmen
das Freiraum-Siedlungs-Patchwork der Umgebung
The spaced development segments complement the
patchwork appearance of the surroundings

Blick auf die auslaufende Stadt
View of the fading sparseness of city

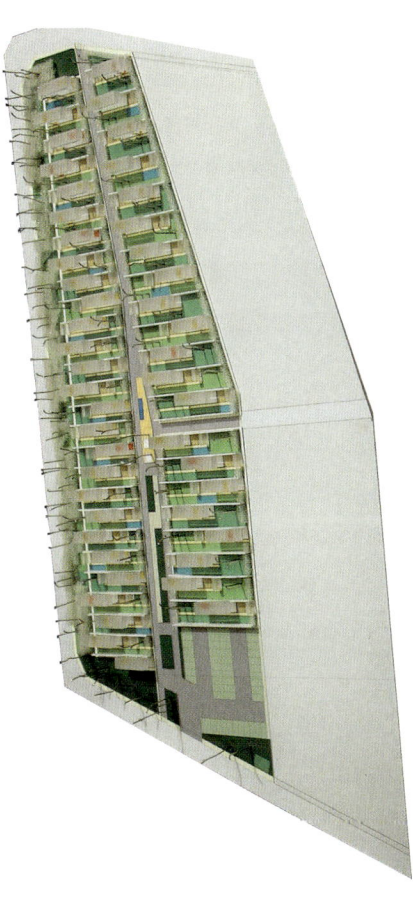

Wettbewerbsmodell der beiden Siedlungsgewebe
Competition model of the two development textures

Minimalausbau
WNF 41,96 m²

OG

EG

Ausbaustufe
WNF 42,39 m²

Vollausbau
WNF 73,27 m²

Wohnen und Arbeiten
WNF 41,96 m²

Gästezimmer im EG
WNF 73,17 m²

Küche separiert
WNF 73,27 m²

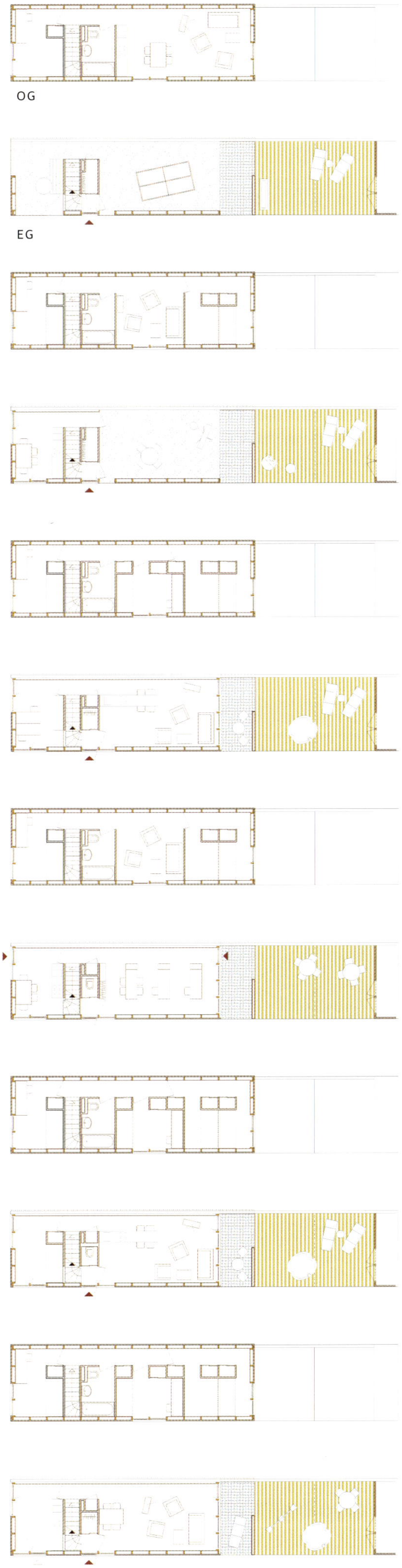

Bearbeitungsgebiet 1, Siedlertyp
längs zur Mauer
Construction segment 1, unit type
along the length of the wall

Grundrissvarianten zu verschiedenen
Ausbaustufen und Bewohnergruppen
Ground plan variants for the
various possible expansion stages and
resident groups

Ansichten der Garten- und Wegeräume mit
teilweise ausgebauten Erdgeschossen
Views of the garden and pathway spaces with
partially completed ground levels

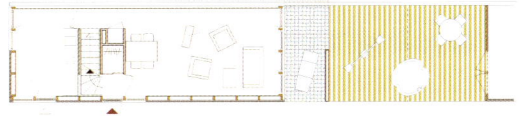

135

Bearbeitungsgebiet 3, Siedlertyp quer zur Mauer
Varianten zu Grundrissen, Grundstücksposition und Ausbaugrad

Construction segment 3, unit type diagonal to the wall
Ground plan variants, site position and degree of construction

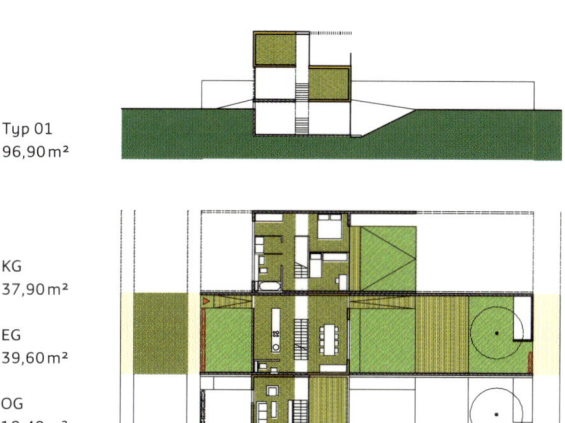

Typ 01
96,90 m²

KG
37,90 m²

EG
39,60 m²

OG
19,40 m²

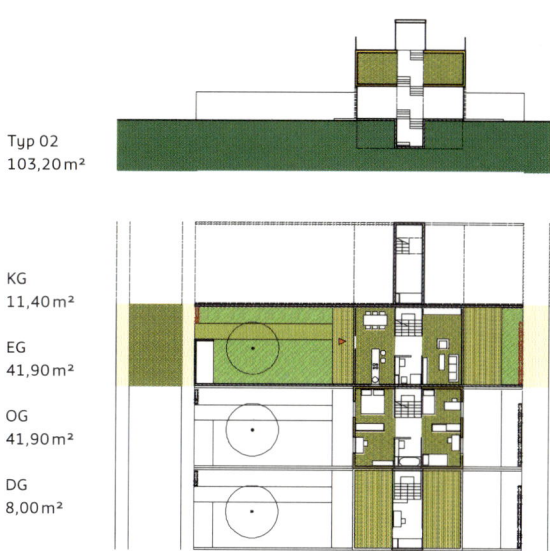

Typ 02
103,20 m²

KG
11,40 m²

EG
41,90 m²

OG
41,90 m²

DG
8,00 m²

Typ 03
124,70 m²

KG
48,40 m²

EG
40,50 m²

OG
35,80 m²

Typ 04
126,40 m²

KG
44,30 m²

EG
41,80 m²

OG
40,30 m²

Typ 05
155,10 m²

KG
54,00 m²

EG
51,40 m²

OG
49,70 m²

Typ 06
177,00 m²

KG
68,60 m²

EG
57,20 m²

OG
51,20 m²

Montage und Raumbildung
Assembly and room construction

Siedlungsmuster in Bearbeitungsgebiet 1,
Durchsichten und Durchwege ergeben sich zwischen jeder Parzelle
Development pattern in construction segment 1,
through views and pathways are part of each parcel

ADRESSE Wien 22, Breitenlee, Pelargonienweg, Fuchsienweg, Azaleengasse BAUTRÄGER BA 1: BWS – Gemeinnützige Allg. Bau-, Wohn- und Siedlungsgenossen-
schaft Wien, BA 3: Schwarzatal Gemeinnützige Wohnungs- und Siedlungsanlagen GmbH. Wien PLANUNG Bauträgerwettbewerb 2005 KENNGRÖSSEN
Nettonutzfläche BA 1: 3.751,56 m²/51 WE, BA 3: 10.154,52 m²/103 WE MITARBEIT Rainer Abele, Thomas Gomilschak, Frank M. Schulz, Sonja Wiegele
FACHBERATER JR Consult ZT GmbH; PlanSinn – Büro für Planung und Kommunikation

ADDRESS Vienna 22nd district, Breitenlee, Pelargonienweg, Fuchsienweg, Azaleengasse CLIENT CS 1: BWS – Gemeinnützige Allg. Bau-, Wohn- und Siedlungsgenossenschaft, Vienna; CS 3: Schwarzatal Gemeinnützige Wohnungs- und Siedlungsanlagen GmbH., Vienna PLANNING client competition 2005 SPECIFIC SIZES
useable floor area CS 1: 3,751.56 m²/51 RU, CS 3: 10,154.52 m²/103 RU STAFF Rainer Abele, Gomilschak, Schulz, Wiegele EXPERTS JR Consult ZT GmbH;
PlanSinn – Büro für Planung und Kommunikation

Siedlungsmuster in Bearbeitungsgebiet 3 · Je nach Versatz und Gruppenbildung
ergeben sich gemeinsame Gartenhöfe
Development pattern in construction segment 3 · Common garden spaces
are possible depending on the alignment and grouping

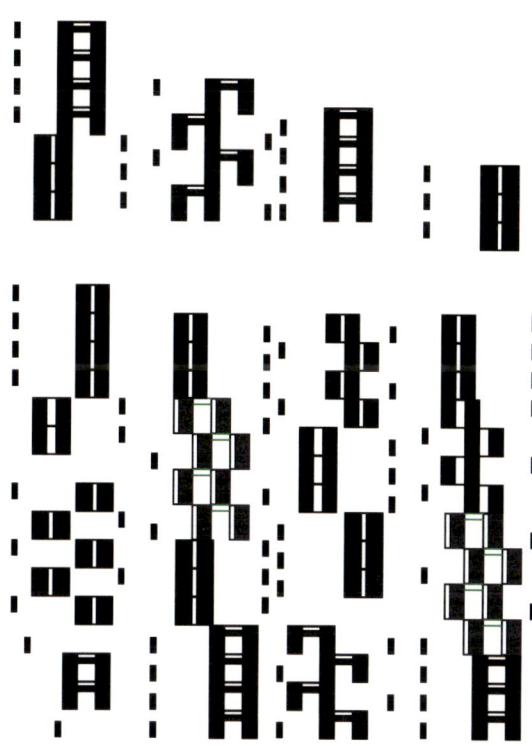

Module und Raumzellen in Holz

Gedanken zu einer bautechnischen Entwicklung
DI Johann Riebenbauer JR-Consult ZT Graz

Die Beschäftigung und Entwicklung von Bausystemen und Aufbauten für den geförderten Wohnbau im weitesten Sinn hat immer wieder zum Thema Modulbau geführt. Nicht nur im Wohnbau sondern genauso im Büro-, Hotel- und Eigenheimbau kann diese Entwicklung nachvollzogen werden. Immer schon war die möglichst hohe Vorfertigung das Grundbestreben für diese Bauweise. Die Randbedingungen für diesen Anspruch waren und sind komplex. Rücksicht ist zu nehmen:
_ auf das Gewicht der vorgefertigten Zelle (Hebemöglichkeiten im Werk und auf der Baustelle, Transport)
_ auf ihre Außenmaße (Transport, Zufahrtsmöglichkeiten zur Baustelle)
_ auf die Bauphysik (vor allem den Schallschutz)
_ Verwendung von Sichtholzoberflächen
_ auf statische Belange (Lastfall Transport und Lastfall Montage, entkoppelte Bauweise, wobei leichte Aufbauten für Aussteifungssysteme eher nachteilig sind) und nicht zuletzt auch
_ auf die Kosten

Holz als aktueller Modulwerkstoff
Wie die Entwicklung in den letzten 10 bis 15 Jahren zeigt, ist das Modul als Großelement mit neuen Anforderungen konfrontiert. Alle geforderten Randbedingungen sollen heute mit möglichst ökologischen Materialien erzielt werden. Für die Tragstruktur des Moduls bietet sich die Verwendung von Holz als einem regenerierbarem Grundstoff an. Im Bewusstsein einer langen Holzbauttradition bestand die besondere Herausforderung darin, trotz aller neuer Bedürfnisse, einen „echten Holzbau" zu entwickeln, wobei Stahlteile so weit wie möglich (bis auf wenige Schrauben, oder Träger im Außenbereich) zu minimieren waren. Nicht zuletzt aus Kostengründen wiegt dieses Argument schwer, wobei eine konstruktiv einfache Bauweise sich auch deutlich auf die Produktionskosten auswirkt.
Die Grundlage für die jüngsten Entwicklungen nach 1980 waren großformatige Massivholzplatten, im Speziellen das Produkt des Kreuzlagenholz-Werkstoffs KLH. In vorangegangenen Forschungsprojekten wurden die vielfältigen Möglichkeiten von großflächigen Massivholz-Platten genau untersucht. Vor allem die Scheibenwirkung, d.h. für Lasten in der Ebene der Platten, gab den Ausschlag für die Verwendung dieses Holzwerkstoffs. Die großen Flächen (ca. 295 x 1650 cm als Einzelplatte) helfen aufwendige Stöße und Verbindungen zu minimieren. Damit lassen sich Raumzellen im Optimalfall mit ca. sechs Einzelplatten zusammensetzen. Weiters sind nur ca. 50 lfm Fugen bei einer Raumzelle von 3,0 x 6,0 m zu verbinden, d.h. es werden nur ca. 150 Schrauben für die Anschlusspunkte nötig. Der stark verringerte Fugenanteil bringt nicht nur bei der Produktion und im statischen Sinn erhebliche Vorteile, sondern auch hinsichtlich der Bauphysik (Luftdichtigkeit, Schalldichtigkeit). Rohe Raumzellen ohne Verkleidungen, aber mit eingebauten Türen und Fenstern haben Luftdichtigkeitstests fast mit Passivhausstandard bestanden (n50 = 0.6 h-1).

Verbunden und entkoppelt – zwischen Statik und Bauphysik
In schalltechnischer Hinsicht konnte bei den Außen- und Wohnungstrennwänden auf frühere Versuche zurückgegriffen werden. Die Wohnungstrennwand hat im minimierten Zustand einen

Wood Modules and Room Cells

Thoughts on a development in construction technology
by Johann Riebenbauer, JR-Consult ZT Graz

The use and development of construction systems and structures for subsidized residential projects in the broadest sense has always led to the subject of modular construction. This development can be traced in residential construction, but also in office, hotel and single-family housing. The highest possible degree of prefabrication was always a key aim for this construction technology. The surrounding circumstances for this approach were and are complex. The following have to be taken into consideration:
_ the weight of the prefabricated cell (lifting possibilities at the factory and construction site, transportation)
_ exterior dimensions (transportation, construction site access)
_ construction-related physics (especially sound insulation)
_ the use of wood facing surfaces
_ statics aspects (transportation, loading scheme and assembly, uncoupled construction technique, in which light appurtenant structures are disadvantageous for bracing systems)
_ and finally, costs

Wood as an up-to-date modular construction material
As the development of the last 10–15 years has shown, the module as a large element is being confronted with new requirements. All the accompanying requirements should be met with materials that are as eco-friendly as possible. As a renewable basic material, wood is suitable for use as the load-bearing structure of a module. The knowledge of a long wood construction tradition poses a particular challenge: to create a 'real wood building,' despite new requirements while minimizing the use of steel components wherever possible (except for a few screws and struts on the outside). This was a weighty argument, especially for cost reasons, keeping in mind that a simple constructive method also has a clear effect on production costs.
Large-format solid wood panels, especially KLH-engineered components, provided the basis for the most recent developments after 1980. The manifold use possibilities of large-surface solid panels were thoroughly explored in earlier research projects. The disk action, the effect of loads on level panels, was decisive for the use of this wood material. The large surfaces (ca. 295 x 1650 cm as an individual panel) help minimize complex joints and connections. In ideal cases this means that room cells can be assembled with approx. six individual panels. Only about 50 running meters of fugues are needed to connect a 3.0 x 6.0 m room cell, hence only around 150 screws are needed for connection points. The greatly reduced quantity of fugues leads to considerable production and statics advantages and in terms of construction-related physics (air tightness, sound insulation). Raw room cells without cladding, but with built-in doors and windows have almost met passive house standards (n50 = 0.6 h-1).

Connected and uncoupled – between statics and construction physics
It was possible to use the experience gathered in earlier experiments for exterior and separating wall sound insulation purposes. In its minimized form, an apartment separating wall is a three-layer structure with a double KLH panel 80 to 100 mm thick and a 120 mm soft rock wool layer in between. Since it is generally common to separate buildings completely along apartment separating walls,

3-schichtigen Aufbau mit einer doppelten KLH-Platte mit ca. 80 bis 100 mm Stärke und einer dazwischen liegenden Schicht von 120 mm weicher Steinwolle. Da es im Holzbau allgemein üblich ist, Gebäude bei den Wohnungstrennwänden komplett zu trennen, war dieser Aufbau bekannt und schon früher notwendig geworden. Die Herausforderung bei der Entwicklungsarbeit lag somit bei den Trenndecken unter der Vorgabe, möglichst wenig Gewicht zu verwenden.

Das wurde so realisiert, dass die Decke jedes Moduls auf den eigenen Wänden aufliegt und mit der Bodenplatte des darüber liegenden Moduls nicht direkt verbunden ist. Damit waren die zwei massiven Holzplatten komplett getrennt. Der Zwischenraum wurde mit schalltechnisch wirksamen, leichten Auflagen ausgefüllt. Als Nutzfläche für den Modulboden wurde ein Trockenestrichsystem gewählt, das auch eine Ausführung von Fußbodenheizungen erlaubt. Damit wurden die in Österreich geforderten (erhöhten) Schalldämmwerte von (L'nTw(CI)=43 (7)dB und R'w= 58dB) zwischen unterschiedlichen Wohnungen erreicht. Dieser Aufbau wiegt im Gesamten nur ca. 1,2 bis 1,5 kN/m². Bezogen auf herkömmliche Wohnungstrenndecken mit ca. 3,3 bis 3,6 kN/m² hat der Modulaufbau davon nur mehr ca. 40 bis 45 % des Gewichts. Diese Gewichtsreduktion bei gleicher Qualität der Schalldämmung hat für die Holzkonstruktion große Auswirkungen. Es sind z.B. sehr dünne Deckenstärken möglich. Für den Modulboden genügen meist 94 bis 128 mm starke Platten mit Spannweiten von 2,5 bis 4,5 m, für die Moduldecken, die ja nur sich selber und die schalltechnischen Auflagen (ca. 0,12 kN/m²) tragen müssen, sind Stärken von 57 mm bis 94 mm ausreichend. Gerade weil diese Deckenelemente nur sich selber tragen müssen, sind sie als Bauteile überdies ein idealer Brandschutz für die Bodenplatten darüber. Meist kann ein Brandnachweis von mindestens 60 min. Beflammbarkeit (REI60) geführt werden, bei den stärkeren Platten sogar 90 min. (REI90), und das sogar mit Holzoberflächen. Damit die Entkoppelung der Decken funktioniert, werden die Boden- und die Deckenplatte quer zwischen zwei Längsseiten der Raumzelle gespannt. Im Idealfall liegen die Deckenplatten auf den beiden Längswänden auf, die Bodenplatten werden in die Längswände hochgehängt. Mit den in den letzten Jahren entwickelten Vollgewindeschrauben ist das unproblematisch und einfach machbar. Wenn größere Räume gewünscht werden, ist es aber manchmal nötig, Längswandflächen in Stützen- und Trägerstrukturen aufzulösen. Auch das ist prinzipiell möglich, bedeutet aber vor allem für den Montagezustand (Transport etc.) temporäre Zusatzmaßnahmen, um eine montierbare Einheit zu bilden. Meist genügt aber der Einbau von Streben, die mit einem Justiermechanismus versehen sehr leicht ein- und auch wieder ausgebaut werden können.

Im Extremfall kann auch eine komplette Seite stützenfrei gehalten werden, das bedingt allerdings meist die Verwendung von Stahlträgern, deren Aufbauhöhen geringer sind als die von Holzträgern.

Großelemente als autonome Bausteine

Durch die beschriebene Tragwirkung sind nun die Lasten der Boden- und Deckenkonstruktion in die Längsflächen eingeleitet. Das bildet die Basis für die vielfältigen Einsatzmöglichkeiten des Moduls unter Verwendung der Wände als Wandscheiben. Im Fall, dass die Längsseiten eine weitgehend geschlossene Fläche darstellen, ist es möglich, diese Wände als Scheiben zu nutzen. Diese Scheiben wirken wie wandhohe Träger, so dass die Wand eigent-

this structure was known and had already been required earlier. In development, the challenge therefore lay in using as little weight as possible for the separating ceilings.

This was solved by setting the ceiling of every module on its own walls without connecting it directly to the floor slab of the module above. That separated the two solid wood slabs completely. The space in between was filled with light, effective sound insulation material. A dry floor screed system was chosen for the service area of the module floor since it also allows for floor heating installation. Thus it was possible to meet the (more stringent) Austrian sound insulation values, (L'nTw(CI)=43 (7)dB and R'w=58dB), between different apartments. In total, this structure only weighs about 1.2 to 1.5 kN/m². The modular structure weight of approx. 3.3 to 3.6 kN/m² is equivalent to around 40 to 45% of a conventional separating ceiling's weight.

This weight reduction while offering the same sound insulation qualities has major effects on a wood construction. Very thin ceilings are possible, for example. Slabs between 94 to 128 mm thick spanning 2.5 to 4.5 m are generally enough for module ceilings, which only have to support themselves and the sound insulation layers (ca. 0.12 kN/m²), for which thicknesses of 57 mm to 94 mm are sufficient. Precisely because these ceiling elements only have to support themselves, they offer ideal fire protection fort he floor slabs above them. It is generally possible to achieve a flammability rating of 60 min. (REI60). Thicker slabs can achieve a 90 min (REI90) rating, even with wood facing.

The floor and ceiling slabs are set transversally following the length of the room cell for the uncoupling of the ceilings to work. Ideally, the ceiling slabs are supported by the two longitudinal walls and the floor slabs are suspended from the longitudinal walls. The full pitch screws developed over the last years make this unproblematic and easy to complete. If larger rooms are required it is sometimes necessary to use strut and stay constructions for longitudinal walls. This is also possible in principle, but it requires temporary additional measures to create an assembly-ready unit, especially with regard to transport, etc. It is generally enough to install braces with an adjustment mechanism that can easily be fitted and removed. It is also possible to keep one side completely free of struts, but that generally requires the use of steel girders which only allow for lower building heights than wood beams.

Large elements as autonomous building blocks

The floor and ceiling structure loads are now borne by the longitudinal surfaces. This creates the basis for the manifold uses of the module using the walls as wall disks. In case the longitudinal sides are meant to be largely closed surfaces, it is possible to use these walls as disks. These disks act as wall-high struts, which means the wall actually only has to be set on two points and doesn't require a connection to the structure below. It can therefore project freely within certain limits. If a projection is roughly the size of the height of the wall, it can be assumed that the wall does not have to be thicker. This effect is a free additional service performed by the large-format plywood board panels.

A variety of applications is possible here. The cells for the Sigmund building in Vienna were conceived as modules projecting freely over the underground garage. This made it possible to build the ceiling as a very convenient hollow-core ceiling, without interfering struts and binding joists in the garage itself. In an extreme case a module could even be built as a self-supporting element projecting freely

lich nur auf zwei Punkten gelagert werden müsste und dazwischen keine Verbindung zur darunter liegenden Konstruktion haben muss und auch in gewissen Grenzen frei auskragen kann. Wenn dabei eine Auskragung ungefähr die Wandhöhe beträgt, kann man davon ausgehen, dass die Wände deshalb nicht stärker ausgebildet werden müssen. Dieser Effekt ist also eine kostenlose Zusatzleistung der großformatigen Brettsperrholzplatten. Die Anwendungen in dieser Hinsicht sind vielfältig, so wurden z.B. beim Bauvorhaben Sigmund in Wien die Zellen als frei über die Tiefgaragendecke auskragende Module konzipiert. Daraufhin konnte diese Decke als sehr günstige Hohldielendecke ausgebildet werden, ohne störende Träger und Unterzüge in der Tiefgarage selbst. Im Extremfall könnte ein Modul sogar ca. 16 m frei über eine Öffnung selbsttragend ausgeführt werden. Dazu müssen beim Modul lediglich beide Längswände weitgehend geschlossen ausgebildet werden, d.h. Tür- und Fensteröffnungen sind hier nur eingeschränkt möglich.

Auch beim Transport selbst wirken diese Scheiben als tragende Elemente. Es genügt meist, die Raumzelle an nur vier Punkten mit je selbstbohrenden Schrauben anzuhängen. Diese Schrauben reichen bis zu den tragenden Wandscheiben. Da die Wände in gekreuzten Bretterlagen verleimt sind, gibt es hier auch kein Querzugproblem in den Wänden oder andere kraftrichtungsbedingte Verformungen. All das bietet insgesamt eine sehr einfache und effektive Möglichkeit die Raumzellen zu manipulieren. Wenn die Anhängepunkte in der Konstruktion verbleiben, ist es zudem möglich, die Raumzellen später auch wieder zu demontieren.

Die Raumzellen in der beschriebenen Form sind zwar relativ leicht, aber durch die Verwendung der massiven Holzdecken und -wände doch auch schwer genug um bezüglich der Gebäudeaussteifung wirksam zu werden. Bei optimaler Anordnung der aussteifenden Wände und der Auflagerpunkte kann auf Zugverankerungen meist verzichtet werden. Ein unschätzbarer Vorteil, wenn man daran denkt, dass jede Verbindung der Zellen untereinander schalltechnisch Probleme bringt. Die Zellen können somit punktuell gelagert werden, diese einzelnen Kontaktpunkte werden zur Dämpfung des Körperschalls noch zusätzlich mit elastischen Lagern ausgeführt. Diese Lager sind über Reibungskräfte auch für die Übertragung von geringen Horizontallasten infolge Wind geeignet. Höhere Lasten können mit Schubdollen abgeleitet werden, die im Ruhezustand keinen Kontakt zur Konstruktion aufweisen. Dazu sind entsprechende Lösungen mit Holz oder Stahl entwickelt worden. Diese Strukturen dienen gleichzeitig der Justierung bei der Montage.

Grundsätzlich ist eine Einzelzelle mit den beiden Längswänden und mit mindestens einer Querwand ausreichend ausgesteift. Für geringere Höhen, d.h. bei einem bis zwei Geschossen sind auch Querwandteile für die Aussteifung ausreichend. Bei höheren Lasten und größeren Zellenlängen sollte aber die gesamte Querwandbreite als Scheibe ausgebildet werden. Als Scheibe kann dabei durchaus auch die stirnseitige Außenwand mit einer Fensteröffnung verwendet werden. Wenn als Parapet (Brüstung) und Sturz genügend Querschnitt verbleibt, kann diese Wandscheibe trotz der Öffnung als Scheibe bemessen werden. In Abhängigkeit der Fenstergröße ist das durchaus mit herkömmlichen Wandstärken (80 bis 100 mm) möglich. Bei sehr großen Ausschnitten wie für Türen und sehr großen Fenstern können nur stärkere Platten die Scheibentragwirkung sichern. Es sollte aber jedenfalls die Verbindung der beiden Längswände angestrebt werden, nur

16 m over an opening. The longitudinal walls would merely have to be completed as almost closed surfaces, with limited door and window openings.

These disks even work as load-bearing elements for transportation. It generally suffices to hang the room cell with selfdrilling screws at four points. These screws reach the load-bearing wall disks. Since the walls are wood layers bonded crosswise, there are no transverse pull or any other directional pull-related problems. All of these aspects make for very easy and effective room cell handling. If these suspension points remain in the construction, it is also possible to dismantle the room cells later.

The room cells in the described form are relatively light, but the use of solid wood ceilings and walls make them heavy enough to be effective in terms of the rigidity of the building. Ideal distribution of the stiffening walls and the points of support makes it possible to build them without tensile anchoring in most cases. This is an invaluable advantage if one bears in mind that every connection between the cells leads to sound insulation problems. The cells can therefore be set on points, these individual contact points are completed with additional elastic beds to absorb body impact sound. These beds are also suitable for the absorption of minor horizontal loads arising from wind exposure. Greater loads can be dissipated by press-fit dowels that have no contact with the construction under quiet conditions. The respective solutions have been developed using wood and steel. These structures also help with adjustment during assembly.

Basically, an individual cell can be adequately braced by the two longitudinal walls and one transversal wall. Therefore, transversal wall components are also stiffening enough for low heights, e.g. one to two levels. In the case of higher loads and larger cell sizes, the entire width of the transversal wall should be built as a disk. The outside wall of building with a window can also be used as a disk, if enough cross section is left when used as a parapet and header, this wall disk can be rated as a disk despite the opening. This is absolutely possible with conventional wall thicknesses (80–100 mm), depending on the size of the window opening. Very large openings, such as doors and very large windows require thicker panels to achieve a disk effect. The connection of the two longitudinal walls should be achieved, since these walls can only counterbalance lifting pull and make tensile anchoring unnecessary when connected.

Joint design possibilities for the engineer and architect

The required space between modules for sound insulation can be used in a variety of ways. Electrical lines can be set in these spaces, as well as inserted ceilings for access hallways, etc. It is even possible to fix sheltered walkways in between. The wood module therefore reaches an architectural design level that can be explored by both the structural system planner and the architect.

dann nämlich wirken die Längswände als Gegengewicht für die abhebenden Kräfte und somit können Zugverankerungen zwischen den Modulen vermieden werden.

Gemeinsame Gestaltungschancen von Ingenieur und Architekt
Der für den Schallschutz nötige Abstand zwischen den Modulen kann vielfältig genutzt werden, so könne darin z.B. Elektroleitungen geführt, aber auch Zwischendecken von Erschließungsgängen etc. aufgelagert werden, sogar Laubengänge können dazwischen eingespannt werden. Das Holzmodul erschließt somit aus seiner bautechnischen und bauphysikalischen Eigenart einen architektonischen Gestaltungsraum, den der Tragwerksplaner und der Architekt gemeinsamen ausschöpfen können.

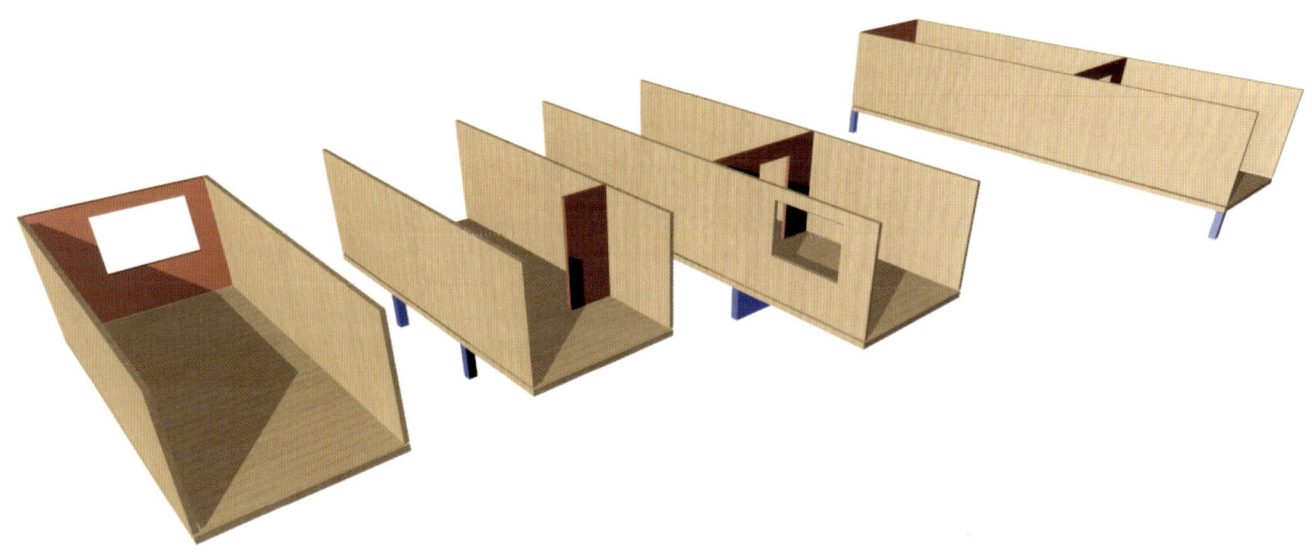

Von der Stammzelle zur höheren Ordnung

Der Modulbau – organisches und nachhaltiges Bauen aus bau-physikalischer Sicht, DI Heinz Ferk, TU Graz

Der Weg in die Zukunft des Bauens wird über Bauteile und -komponenten führen, die nach intensiver Entwicklungs- und Planungsphase in hoher Qualität vorgefertigt werden. Die Baustelle wird vermehrt zur Montagestelle. Auch im Holzbau sind Bemühungen zu setzen, das komplexe Zusammenspiel der Einzelkomponenten zum Ganzen in nachhaltige Konstruktionen umzusetzen. Dieses Ganze stützt sich möglichst auf praxisgerechte Konstruktionen, gegründet auf bauphysikalische wissenschaftliche Grundlagen, und bildet eine Einheit mit den architektonischen Gestaltungsabsichten.

Der Modulbau nimmt auch aus bauphysikalischer Sicht eine Sonderstellung ein: Das Modul ist ein in sich geschlossenes Ganzes und wiederum Teil eines Gebäudes. Das Gebäudemodul funktioniert als Teil eines Modulgebäudes.

Dieser Ansatz ist aus bauphysikalischer Sicht verfolgenswert: durch die „Abgeschlossenheit" des einzelnen Moduls sind auch bestimmte bauphysikalische Funktionen jeweils einer geschlossenen Zelle zugeordnet – ähnlich einer Zelle in einem Organismus, z.B. in Bezug auf Luftdichtigkeit, den sommerlichen Wärmeschutz und auch den Schallschutz von außen. Andererseits aber stehen die einzelnen Zellen untereinander in Wechselwirkung, auch im Modulbau ist das so: Bestimmte bauphysikalische Eigenschaften definieren sich aus der Hülle des einzelnen Moduls, aber auch in der Zusammenwirkung der Module untereinander. Im Schallschutz innerhalb des Gebäudes wird zum Beispiel die Schalldämmung der Module untereinander sowohl von Gewicht und Hülle des einzelnen Moduls bestimmt, als auch von deren Lagerung zueinander. Wenn der Kern einzelner Module den gleichen Aufbau hat, werden die Module untereinander austauschbar, sie erhalten ihre Individualität erst durch das Definieren ihrer inneren Funktion, z.B. als Wohnmodul mit Badbereich oder als Büromodul und durch die Fassade, die sich aus der Lage im Gebäude ergibt. Wird bei der Konstruktion bereits darauf Bedacht genommen, die Struktur so weit wie möglich allgemein zu gestalten („Stammzelle") und spezielle Funktionen wiederum als Modulfunktionen austauschbar zu gestalten, ist im Modulbau auch Flexibilität für mehrere Ausbauten immanent.

Der andere Weg ist der Weg der Ausdifferenzierung: Jedes Modul ist für eine bestimmte Funktion konstruiert, ein Umbau zu einer anderen Funktion ist nur mit großem Aufwand durchführbar: Dieser Weg sollte eigentlich nur speziellen Funktionen vorbehalten bleiben, wenn entweder die Gebrauchsdauer ohnehin mit der vorgegebenen Funktion begrenzt ist oder der Aufwand der Stamm-Modulbildung durch die geforderte Funktion höher ist als der Nutzen einer später möglichen Funktionsänderung.

Wiederum aus Sicht des Organismus wird für die „Versorgung" der einzelnen Zellen ein spezielles Leitungsstruktursystem sinnvoll, um Energie, Stoffwechselprodukte und Signale unter den einzelnen Zellen und der Umgebung austauschen zu können. Dieses Leitungsstruktursystem wiederum soll im Falle des Moduls flexibel die Anbindung an die Gebäudetechnik ermöglichen, ohne dazu die Hülle anderer Module zu okkupieren – ein Rückenmarkskanal z.B. transportiert zentral die erforderlichen Signale zur Schaltstelle. Ein solches Backbone-System kommt auch dem Modulbau zu Gute: haustechnische Leitungssysteme werden für die vertikale Erschließung in Schächten zusammengefasst, an

From the Stem Cell to a Higher Order

Modular construction – organic and sustainable construction from a structural physics point of view by Heinz Ferk, TU Graz

The future of construction will be defined by high-quality construction parts and components which are prefabricated after intensive development and planning. The construction site will increasingly become an assembly site. Efforts should also be made in wood construction to master the complex interplay between individual components and create sustainable whole constructions. This whole is based on practice-oriented constructions on the foundation of structural physics fundamentals, and creates a unit along with the architectural design objectives.

Modular construction has a special place in terms of structural physics: the module is a complete object within itself and yet part of a building. The building module functions as part of a module building.

This approach is worth being pursued from the point of view of structural physics: the 'completeness' of the individual module leads to the distribution of specific structural physics functions in closed cells – similar to the distribution in the cells of an organism, e.g. in terms of airtightness, summer heat protection and sound insulation from the outside. On the other hand, there is the interdependency between the individual cells, which also carries over to modular construction: specific structural physics characteristics are defined by the shell of the individual module, but also by the collective effect of the modules. Sound insulation within a building is defined by sound insulation among the modules, by the weight and the shell of the individual module, and their bearing.

If the core structure of the individual modules is the same, the modules are interchangeable among each other. Their individuality is defined by their inner function, e.g. as a living module in the bathroom area, or as an office module, and by the façade, which defines the location of a module in a building. If keeping the structure as general as possible ('stem cell') is kept in mind during construction, and special functions are designed as exchangeable module functions, then the modular construction is intrinsically flexible for further expansion steps.

The other path is the path of differentiation: Every module is built for a specific function, refitting for another function is only possible with extensive work: this approach should actually be limited to special functions, either if the period of use is limited by the predefined function to begin with, or if the effort involved in creating a stem cell modular structure is higher due to the required function than the possible usefulness of a change of function at a later date. A special 'supply' line structuring system is useful to be able to exchange energy, metabolic products and signals among the individual cells and their surroundings.

This line structuring system should allow for the flexible connection of the module to the building's technology, without occupying the shell of other modules – e.g. the spinal marrow channel centrally transports the required signals to the switching interface. Such a backbone system also works well in modular construction: building technology lines are consolidated in vertical wells the modules dock on to – and are supplied according to their function. The horizontal line structuring can be completed along central connection channels, for example. This also leads to additional flexibility: Function changes can be easily completed in these backbones, also in terms of connections to the building guidance and steering systems as well as connections to the surroundings.

welche die Module andocken – und entsprechend ihrer Funktion versorgt werden. Die horizontale Leitungsstruktur kann z.B. über zentrale Erschließungsgänge erfolgen. Auch damit wird weitere Flexibilität gewonnen: Funktionsänderungen können durch einfache Änderungen in diesen Backbones auch in Hinblick auf die Anbindung an das Gebäudeleit- und Steuersystem sowie die Versorgung und die Einbindung in die Umgebung realisiert werden. Modulbau bedingt Volumentransport. Dieser Volumentransport erfordert Beschränkung des Transportgewichtes. Holz hat sich wie kein anderer Baustoff an bis zu 100 m hohen Baumriesen in Jahrmillionen zu einem leichten Material mit hoher Festigkeit entwickelt. Damit erfüllt Holz auch die im Modulbau gestellten Werkstoffanforderungen. Die Modulhülle bedeutet Fläche, Fläche, die es aus Holz erst zu schaffen gilt. Als eine gute Möglichkeit, aus dem stabförmigen, gerichteten Baustoff Holz ein flächiges Material zu schaffen, hat sich die kreuzweise Verleimung von Brettern zu Brettsperrholz, wie dem Produkt KLH, herausgestellt.

Holzmodulbau und Bauphysik
Die folgenden Überschriften zu bauphysikalischen Fragestellungen an das Holzmodul könnten wie eine Liste landläufiger Schwachpunktverdächtigungen dem Material Holz gegenüber gelesen werden. In allen Punkten hat die Weiterentwicklung zu einem intelligenten Werkstoff jedoch nicht nur derartige Zweifel entkräftet, sondern auch erstaunliche neue Leistungsaspekte des Holzmassivbaus ans Licht gebracht.

Luftdurchlässigkeit
Die Begrenzung der Luftdurchlässigkeit der Gebäudehülle ist eine wesentliche Anforderung in Hinblick auf Energieeinsparung, hygrische Bauschadensfreiheit und auch in Bezug auf den erreichbaren Schallschutz.
Die ersten Versuche zum Modulbau wurden durch das Labor für Bauphysik der TU Graz in Zusammenarbeit mit ZT Riebenbauer (Statik), Fa. KLH (Material) und Fa. Kulmer (Aufbau) durchgeführt. Hergestellt wurden die Module aus kreuzweise verleimtem Brettsperrholz. Sie sollten in Hinblick auf die bauphysikalische Eignung für den mehrgeschossigen Objektbau vorab auch Aufschluss geben über die Dichtheit der rohen Modulhülle, ohne zusätzliche Konvektions- oder Dampfsperren.

Modular construction requires volume transportation. Volume transportation requires the limitation of transportation weight. Over millions of years wood has developed into a light, highly rigid material from giant trees up to 100 meters tall in a way unmatched by any other construction material. Hence wood also fulfills the material requirements for modular construction. The module shell means surface – a surface that has to be made of wood first. Cross bonding boards to make laminated plywood panels such as KLH-engineered panels has proven to be a good way of producing a large-surface construction material using rod-shaped wood.

Modular wood construction and structural physics
The following headings could be read as a list of the common suspected weaknesses of wood module structural physics. But further development into an intelligent material has answered any doubts and also shed light on astonishing new performance aspects in solid wood construction.

Air permeability
Limiting air permeability in a building shell is an important requirement in terms of energy savings and non-susceptibility to hygric damages and in relation to attainable sound insulation.
The first modular construction research experiments were performed by the structural physics lab of the TU Graz in cooperation with ZT Riebenbauer (Statics), Fa. KLH (Material) und Fa. Kulmer (structure). The modules were made of cross-bonded laminated plywood. They served to assess the adequacy of their structural physics for multi-level construction and to provide insights on the tightness of the raw shell, without additional convection or vapor barriers.

Basismaterial für das Versuchsmodul Basic material for experimental module   Fertiggestelltes Versuchsmodul Completed experimental module

Das Versuchsmodul wurde aus dreilagigen KLH Platten (Decke 78 mm, Wand 95 mm) mit geschlossener innerer Sicht-Oberfläche ausgeführt, die Bodenplatte aus fünfschichtigen Platten mit 125 mm Dicke. Zur Dichtung der Stöße wurden einfache Zellschaumbänder verwendet, wie sie auch für Gipsständerwände für den Anschluss der Profile üblich sind. Durch die Verschraubung wurden die Bänder dicht gepresst. An den Schnittseiten der Bodenplatte wurden OSB-Streifen als Abdeckung montiert. Bei der Luftdurchlässigkeitsprüfung konnten keine Undichtheiten an den Verbindungen oder in der Fläche festgestellt werden. Die einzige undichte Stelle, die geortet werden konnte, war das Loch einer Schraube; die zum Fixieren der Hebeschlaufen gedient hatte, und die nach der Montage entfernt worden war. Damit konnte die mögliche Erfüllung der Grundforderung nach Sicherstellung der Dichtheit eindrucksvoll demonstriert werden.

Konventionelle Systeme versus Modulbau

Im Gegensatz zu konventionellen Bauweisen mit dem Material Holz, wo die zu trennenden Nutzungseinheiten entweder die Deckenplatten oder sogar die Wandscheiben und Deckenplatten gemeinsam haben, sind im Modulbau sämtliche Außenhüllen doppelt vorhanden.

The experimental module was made of three-layer KLH panels (ceiling 78 mm, wall 95 mm) with a closed facing surface; the floor slab was made of five-layer panels 125 mm thick. Simple cellulose foam strips commonly used to connect single-plank gypsum walls and profiles were used to seal the joints. The strips were pressed tight with bolts. OSB strips were mounted along the cut edges as covering. No leaks could be detected along the connections or surface during the air permeability test. The only leak that could be found was the opening of a screw that had been used to fasten the lifting straps and was later removed. The possible fulfillment of the basic tightness requirements was impressively demonstrated with this test.

Conventional systems v modular construction

All exterior shells are double layers in modular construction, as opposed to conventional systems in which the units of use to be separated share either the ceiling panels or both the wall slabs and ceiling panels.

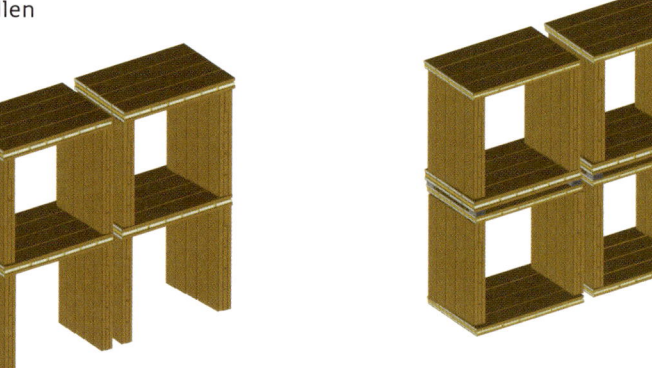

A) System mit einschaligen Decken und Wänden
B) System mit doppelschaligen Wänden und einschaligen Decken
C) System mit doppelschaligen Wänden und Decken

A) System with single-layer ceilings and walls
B) System with double-layer walls and single-layer ceilings
C) System with double-layer walls and ceilings

Modulbau und Schallschutz

In den letzten Jahren konnten bereits zahlreiche mehrgeschossige Bauten in Brettsperrholzbauweise entwickelt und gebaut werden. Erkenntnisse aus diesen Prototypen kamen nun der weiteren Entwicklung der Module zu Gute.
Das Ausgangsmaterial Brettsperrholz ist leicht und biegesteif, was statisch Vorteile, akustisch aber eine mäßige Schalldämmung der Rohplatte mit sich bringt. Die rohe Brettsperrholzplatte weist in Bezug auf den Luftschallschutz ein Schalldämm-Maß von etwa 33 bis 35 dB auf, das ist etwa so viel wie das Schalldämm-Maß eines heutigen Isolierglasfensters.
Um eine für die Außenwand oder Wohnungstrennwand geeignete Schalldämmung zu erreichen, gibt es beim Modulbau zwei Möglichkeiten:
_ Innenhüllendämmung: durch innen liegende, unabhängige Systeme wie z.B. die Anordnung von Vorsatzschalen
_ Außenhüllendämmung: durch außenliegende Systeme wie spezielle Lagerung und akustische Funktionsschichten
Geht man vom Prinzip der Minimierung der Funktionsschichten aus, ist die zweite Möglichkeit das System der Wahl, auch in

Modular construction and sound insulation

A number of multilevel buildings were developed and completed using laminated wood construction technology over the last years. Insights from these prototypes helped in the further development of modules. Laminated plywood as the source material is light and has high bending rigidity, which is advantageous in terms of statics, but leads to average raw slab sound insulation. The raw laminated plywood panel has a sound insulation rating of around 33 to 35 dB, which is about the same sound insulation rating as a currently used thermopane window.
There are two possibilities to achieve the appropriate sound insulation ratings for an exterior or apartment-separating wall in modular construction:
_ Interior shell insulation: independent interior systems such as the alignment of protective cladding
_ Exterior shell cladding: exterior systems such as special setting and functional acoustic layers
The second option is the system of choice if one wants to minimize functional layers and keeps transportation requirements in mind (as little weight as possible and sturdiness).

Hinblick auf die Transporterfordernisse (möglichst geringes Gewicht und Robustheit).

Das Roh-Modul weist dabei an der Innenseite entweder bereits die (mal-)fertige Oberfläche auf bzw. werden lediglich innen zusätzliche Beplankungen wie z.B. Gipskartonplatten montiert. Verwendet man zwei unabhängige Brettsperrholzscheiben in Form einer „cavity-wall", kann das Schalldämm-Maß entsprechend verbessert werden, wobei bei Bedämpfung des Hohlraums mit weicher Mineralwolle der wesentliche Parameter der Abstand der Platten voneinander ist. Dieser Wandtyp ergibt sich bei der Aneinanderreihung einzelner Module praktisch von selbst. Diese zweischalige Wand erreicht mit zunehmendem Abstand auch einen höheren Schallschutz:

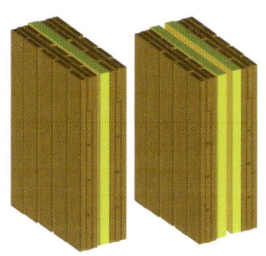

Module separating wall
a) 30 mm shell spacing (Rw=54dB)
b) 130 mm shell spacing (Rw=64dB)

Modultrennwand
a) 30 mm Schalenabstand (Rw=54dB)
b) 130 mm Schalenabstand (Rw=64dB)

Die gesamte Wanddicke beträgt somit für ein bewertetes Schalldämm-Maß von 64dB rund 28cm.

Die erforderliche Schalldämmung vertikal (Decke, Fußboden) insbesondere für den Trittschall kann einfach durch punktförmige elastische Lagerung der Module übereinander erreicht werden. Im Modul reicht dann ein einfacher, leichter Trockenestrichaufbau, in den sich sogar eine Fußbodenheizung integrieren lässt. Für die Luftschalldämmung vertikal wurde ein Aufbau mit einem so genannten Plattenresonator im Modulzwischenraum entwickelt. Mit diesem System können die Anforderungen an den Tritt- und Luftschallschutz gut erfüllt werden, bei sehr gutem Verhalten auch im tieffrequenten Bereich:

Wärmeschutz im Modulbau

Massive flächige Holzelemente weisen aus bauphysikalischer Sicht den Vorteil auf, dass die damit erstellten Konstruktionen geschichtet sind und in der ungestörten Schicht weitgehend homogene Eigenschaften gegeben sind.

Bereits die 95 mm dicke Platte erreicht einen U-Wert von 1,3 W/m²K (das entspricht ebenfalls einem heutigen Isolierglasfenster). Mit zusätzlich 14cm Dämmung wird bereits ein U-Wert von 0,2 W/m² erreicht (das entspricht immerhin dem U-Wert eines rund 3,4m (!) dicken Vollziegelmauerwerkes mit einer Wärmeleitfähigkeit λ von 0,7 W/mK oder dem U-Wert einer rund 80cm dicken Wand eines hochporosierten Ziegels mit einem λ 0,17). Die hohe Innenoberflächentemperatur führt in der Heizperiode gleichzeitig zu einem positiven Behaglichkeitsempfinden, die Lufttemperatur kann reduziert werden.

The raw module features a ready-to-paint surface or is finished to facilitate the mounting of additional planking e.g. gypsum plasterboard panels. The sound insulation rating can be improved if two independent laminated plywood disks are used in the manner of a 'cavity wall,' The key parameter for the insulation of the cavity with soft mineral wool is the space between the panels. This wall type is practically a given when individual modules are set next to each other. This two-layer wall also achieves a higher sound insulation rating with increasing space distances:

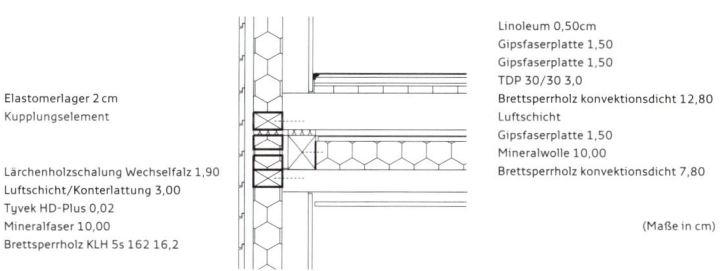

Elastomerlager 2 cm
Kupplungselement

Lärchenholzschalung Wechselfalz 1,90
Luftschicht/Konterlattung 3,00
Tyvek HD-Plus 0,02
Mineralfaser 10,00
Brettsperrholz KLH 5s 162 16,2

Linoleum 0,50cm
Gipsfaserplatte 1,50
Gipsfaserplatte 1,50
TDP 30/30 3,0
Brettsperrholz konvektionsdicht 12,80
Luftschicht
Gipsfaserplatte 1,50
Mineralwolle 10,00
Brettsperrholz konvektionsdicht 7,80

(Maße in cm)

Deckenknoten Prototyp
Ceiling knot prototype

The overall wall thickness is around 28cm for a sound insulation rating of 64dB.

The required horizontal sound insulation (ceiling, floor), especially for impact sound insulation, can be achieved with simple point-shaped elastic beds between the stacked modules. A simple, light dry screed structure, which even allows for a floor heating system is enough within the module. A structure that uses a so-called slab resonator was developed for the vertical cavities between modules. This system meets impact sound and air sound insulation requirements satisfactorily and has very good characteristics at low frequencies:

Heat insulation in modular construction

In terms of structural physics, solid large-surface wood elements have the advantage that buildings built with this technology are layered and have largely homogeneous properties in the uninterrupted layers.

A 95 mm thick panel achieves a U value of 1.3 W/m²K (this is also equivalent to a current thermopane window). With an additional 14mm layer of insulation it achieves a U value of 0.2 W/m². (This corresponds to the U value of a solid brick wall around 3.4m (!) thick with a heat conduction rating λ of 0.7 W/mK or the U value of a 80cm thick wall made of highly porous brick, λ 0.17.) At the same time, the high interior surface temperature leads to a positive sense of comfort during the heating period, the air temperature can be reduced.

Summer heat protection in modular construction

Pure exterior wall insulation with around 40 kg/m² leads to almost three times the effective storage mass compared to a single plank wall (ca. 12 kg/m²), in a phase of over 8 hours. The corresponding sizing of the transparent surfaces also leads to considerably improved summer overheating properties in comparison to the properties generally expected.

Sommerlicher Wärmeschutz im Modulbau

Bei reiner Außenhüllendämmung steht mit rund 40 kg/m² praktisch mehr als die dreifache speicherwirksame Masse gegenüber z.B. einer einfach beplankten Ständerwand (ca. 12 kg/m²) zur Verfügung, bei einer Phasenverschiebung von mehr als 8 Stunden, wodurch bei entsprechender Dimensionierung der transparenten Flächen wesentlich günstigere Verhältnisse in Bezug auf die sommerliche Überwärmung gegeben sind, als üblicherweise bei leichten Bauweisen erwartet werden kann.

Kondensationsschutz im Modulbau

Bei außen diffusionsoffenen Oberflächen kann auf eine Dampfbremse bzw. Dampfsperre verzichtet werden, lediglich eine Konvektionssperre zwischen der Dämmschicht und dem Brettsperrholz kann empfehlenswert sein, insbesondere, wenn diese auch einen Schutz vor unplanmäßiger Befeuchtung der Massivholzschicht von außen bilden kann.

Das massive Holzpaneel bringt auch Vorteile aus diffusionstechnischer Sicht: Durch die hohe Feuchtespeicherkapazität kommt es im Bauteilquerschnitt auch bei ungünstigen Verhältnissen nur verzögert zu einer Feuchteanreicherung. Dadurch sind auch Innendämmungen, wie sie z.B. durch an der Außenwand stehende Möbel häufig vorkommen, in der Regel unproblematisch.

Haustechnik im Modulbau

Für die Ver- und Entsorgung der Module ideal ist sich die bereits dargestellte Backbone-Lösung. Innerhalb der Module selbst können Leitungen mit kleinerem Querschnitt direkt in die Massivholzplatte in vorgefertigte Kanäle eingebunden werden. Flächenheizungen können auf einfache Weise z.B. in den Trockenfußboden integriert werden, aber auch Kühlflächen lassen sich in Trockenbau-Oberflächen gut integrieren. Rohr-in-Rohr-Installationen ermöglichen einen einfachen Austausch im Schadensfall. Grundsätzlich können auch Nassräume vorgefertigt in die Module integriert werden, als Modul in Modulkonstruktion.

Brandschutz

Die brandschutztechnischen Eigenschaften der rohen Brettsperrholzplatte stehen in engem Zusammenhang mit den aufgebrachten Lasten und somit der Gebäudestatik. Die Abbrandgeschwindigkeit der KLH-Platten beträgt rund 0,76 mm/min. Bei einer Dicke der nichttragenden brandseitigen Schichte von 30,5 mm ist in jedem Fall bereits ein Brandwiderstand von 30 Minuten vorhanden. Beim Abbrand statisch wirksamer Schichten hat das Material den Vorteil, dass eine Lastumlagerung stattfinden kann. In der Regel kann bei einseitiger Brandbelastung mit einem fünfschichtigen Paneel, abhängig von Last und Knicklänge, eine Brandwiderstandsdauer REI60 erreicht werden. Sind die äußeren Lagen nicht tragend, kann dieser Wert auch bei beidseitiger Brandbelastung erreicht werden. Durch Verkleidung z.B. mit Gipsfaser oder Gipskartonplatten kann auch eine nicht brennbare Oberfläche realisiert und zugleich der Brandwiderstand entsprechend erhöht werden.

Condensation in modular construction

A vapor barrier or lock isn't necessary for exterior open diffusion surfaces. Only a convection lock is advisable between the insulation layer and the laminated plywood panels, if it can protect the solid wood layer from unexpected moisture on the outside.
The solid wood panel also offers advantages in terms of diffusion: its high moisture absorption capabilities delay moisture build-up under inclement conditions. This makes interior insulation spots like those often created by furniture placed against the exterior wall unproblematic.

Building technology in modular construction

The backbone solution for supply and waste lines in modules already discussed is ideal for this type of construction. Small diameter lines can be directly connected in the solid wood panel using prefabricated channels.
Surface heating systems can easily be integrated within the dry floor, for example. It is also possible to integrate cooling surfaces in the dry construction surfaces. Pipe-in-pipe installations make exchanges due to damages easy. Wet rooms can also be prefabricated and integrated in the modules, as a module in a module construction.

Fire Protection

The fire protection properties of raw laminated plywood panels are closely related to the loads they bear and therefore to the building's statics. The burning speed of KLH panels is around 0.76 mm/min. Fire resistance of 30 minutes is given in any case for a non-load-bearing wall 30.5 mm thick. Load-bearing layers have the advantage that the material can shift the load in case of fire. A five-layer panel can achieve a fire resistance value of REI60 when it burns on one side, independent of the load and breaking length. If the exterior layers are not load-bearing elements, this value can also be achieved if the panel burns on both sides. It is possible to finish a panel with a fire-resistant surface using gypsum fiber or gypsum plasterboard cladding, this increases fire resistance accordingly.

Kürnberg, Haus Dietmar Rieß

Graz, Haus Öttl   Graz, Wienerbergergründe I + II

150

Graz, Tannhofgründe I + II

Zeltweg Mölbenring   Allerheiligen bei Wildon

WERKLISTE REALISIERTE PROJEKTE

		Bau	
24 WE	Planung seit 2005	2006–07	Trofaiach IV (Steiermark) Wohnungsbau in Holz-Mischbauweise
102 WE	Wettbewerb 2004	2005–07	Wien 21 – Mühlweg Wohnungsbau in Holz-Massiv-Mischbauweise
154 WE	Planung AB 1999	2003–05	Wien 22 – Spöttlgasse Mehrgeschossiger Wohnbau in Massivholzbauweise
	Planung ab 2001	2002	St. Michael bei Bleiburg (Kärnten) Umbau Kinderclubhotel Petzenkönig
1 WE	Planung ab 2001	2002–03	Graz-Waltendorf – Untere Teichstraße Haus Pendl
1 WE	Planung und Bau	2001	Graz-Liebenau – Grünanger Umbau, Aufstockung Haus Schneider
	Planung ab 1999/2001	2003–04	Graz- Eggenberg – Reininghausstraße Impulszentrum Büro-, Labor- und Werkstättengebäude
6 WE	Planung ab 1999	2003–05	Wien 19 – Nußberggasse Haus Sigmund
21 WE	Planung ab 2000	2002–03	Bärnbach (Steiermark) – Karellystraße Hausreihe in Holz-Großtafelbauweise
322 WE	Planung ab 2000	2000–03	Leonding (Oberösterreich) – Harter Plateau „Wohnen im Park" Wohnungsbau mit Einzelhandelzentrum
35 WE	Planung ab 2000	2003–06	Graz-Liebenau – Grünanger „Ökosozialer Wohnungsbau" Verdichtung im Bestand
33 WE	Planung 1996	2001–02	Trofaiach III (Steiermark) – Waldstraße Wohnungsbau in Holzsystembauweise (BA III)
28 WE	Planung ab 2000	2002–03	Fohnsdorf (Steiermark) – Hochwiesenweg Reihenhäuser
22 WE	Planung ab 1998	1999–2000	Feldkirchen – Wadlfeld (Kärnten) Mehrgeschossiger Holzwohnbau (BA I / II)
	Planung ab 1997	2007	Graz-Lend – Wiener Straße Umbau eines städt. Wohnhauses
26 WE	Planung ab 1997	1998–2000	Telfs (Tirol) – Schlichtling Mehrgeschossiger Wohnungsbau in vorgefertigten Holzelementen
6 WE	Planung ab 1996	1998	Mürzsteg (Steiermark) Mehrfamilienwohnhaus in Großtafelbauweise (m. Josef Hohensinn)
42 WE	Planung ab 1996	1996–98	Judenburg (Steiermark) – Stadionstraße Mehrgeschossiger Holzwohnbau
	Planung und Bau	1995	Triebenbach (Steiermark) Krafthaus (m. H. Krauß)
62 WE	Gutachterverfahren 1995	2000–02	(BA 1+2) Leoben (Steiermark) – Seegrabenstraße Mehrgeschossiger Wohnbau
45 WE	Planung ab 1997	1999	Trofaiach II (Steiermark) – Waldstraße Wohnungsbau in Holzsystembauweise (BA II)
36 WE	Gutachterverfahren 1995	1997–98	Trofaiach I (Steiermark) – Tannenweg Wohnungsbau in Holzsystembauweise (BA I) (m. Josef Hohensinn)
6 WE	Wettbewerb 1993	1999	(2.BA) Gaishorn am See (Steiermark) Wohnbebauung in Holzständerbauweise, Bauabschnitt II
10 WE	Wettbewerb 1993	1996	(1.BA) Gaishorn am See (Steiermark) Wohnbebauung in Holzständerbauweise, Bauabschnitt I
27 WE	Gutachterverfahren 1992	ab 1997	Graz–Liebenau – Wohnungsbau
40 WE	Wettbewerb 1994	ab 1997–98	Schweinfurt, BAY_D Heisenbergstraße Mehrgeschossige Wohnanlage in Holz-Großtafelbauweise
60 WE	Wettbewerb 1992	1994–96	Waldkraiburg–Föhrenwinkel, BAY_D – Meisenweg Wohnanlage in Holz-Rahmenbauweise
56 WE	Wettbewerb 1991	1997–98	Schwabach, BAY_D Reichswaisenhausstraße Mehrgeschossige Wohnanlage in Holz-Großtafelbauweise
	Wettbewerb 1992	1993–95	Judenburg (Steiermark) – Kaserngasse Um- und Anbau Veranstaltungszentrum
250 WE	Wettbewerb 1991	1996–97	Dortmund, NRW_D – Eberstraße Wohnanlage im Rahmen der IBA Emscherpark
33 WE	Wettbewerb 1991	1994	St. Marein b. Knittelfeld (Steiermark) Wohnbebauung in Mischbauweise mit Holzriegelkonstruktion
100 WE	Städtebaulicher	1997–98	Spielberg (Steiermark) – Pausendorferstraße Wohnbebauung mit Holztafel-Fassaden (BA I+ II)
	Wettbewerb 1991	2002/03	
	Planung und Bau	1989	Graz-Lend – Wienerstraße Umbau eines Werkstattgebäudes zum Architekturbüro
54 WE	Wettbewerb 1989	1992–94	Graz-Straßgang – Bahnhofstraße Mehrgeschossige Wohnanlage
19 WE	Wettbewerb 1988	1990–92	Allerheiligen bei Wildon (Steiermark) Wohnbebauung in Holzständerbauweise
20 WE	Wettbewerb 1987	1991–92	Graz-Gries – Fasangartengasse Wohnanlage im städtischen Block
24 WE	Wettbewerb 1985	1987–89	Zeltweg-Mölbenring (Steiermark) Wohnbaugruppe mit Holzbauanteil
	Studie und Einbau	1984	Graz-Innere Stadt – Schloßbergstollen Installation im Rahmen des Steirischen Herbsts
21 WE	Planung und Bau	1989–90	Graz-Mariatrost Tannhofgründe IV – Tannhofweg Wohnbaugruppe in Mischbauweise mit Holzriegelbau
45 WE	Wettbewerb 1983	1989–90	Graz-Mariatrost Tannhofgründe II – Tannhofweg Wohnbebauung in Mischbauweise mit Holzriegelbau
100 WE	Wettbewerb 1983	1986–88	Graz-Mariatrost Tannhofgründe I – Tannhofweg Wohnhausgruppen um Hofplätze
162 WE	Wettbewerb 1981	1993–95	Graz-St.Peter Wienerbergergründe III – Franz-Spath-Ring Wohnbebauung (mit Ralph Erskine)
160 WE	Wettbewerb 1981	1990–92	Graz-St.Peter Wienerbergergründe II – Peterstalstraße Wohnbebauung (mit Ralph Erskine)
72 WE	Wettbewerb 1981	1985–88	Graz-St.Peter Wienerbergergründe I Breitenweg, Franz-Spath-Ring Wohnbebauung (mit Ralph Erskine)
1 WE	Planung ab 1982	1983–84	Graz-Mariatrost – Fraungruberstraße Haus Öttl, Holzständerbauweise
1 WE	Planung und Bau	1978–81	Graz–Mariatrost – Neusitzstraße Haus Seemann
1 WE	Planung und Bau	1972/73	Steyr-Kürnberg (Niederösterreich) – Wieserfeldplatz Ferienhaus Dietmar Rieß, Balloon-Frame-Bauweise

Graz, Bahnhofstraße   Gaishorn

LIST OF COMPLETED PROJECTS

		Construction	
24 WE	Planning since 2005	2006–07	Trofaiach IV (Styria) Residential project, wood/mixed construction technology
102 WE	Competition 2004	2005–07	Wien 21 – Mühlweg Residential project, wood/solid construction technology
154 WE	Planning as of 1999	2003–05	Wien 22 – Spöttlgasse Multilevel residential project, solid wood construction technology
	Planning as of 2001	2002	St. Michael bei Bleiburg (Carinthia) Conversion, Kinderclubhotel Petzenkönig
1 WE	Planning as of 2001	2002–03	Graz-Waltendorf – Untere Teichstraße Pendl Hous
1 WE	Planning and Construction	2001	Graz-Liebenau – Grünanger Conversion, Schneider House expansion
	Planning as of 1999/2001	2003–04	Graz- Eggenberg – Reininghausstraße Impulse Center, office, lab and workshop building
6 WE	Planning as of 1999	2003–05	Wien 19 – Nußberggasse Sigmund House
21 WE	Planningas of 2000	2002–03	Bärnbach (Styria) – Karellystraße House row, wood/large-panel construction technology
322 WE	Planning as of 2000	2000–03	Leonding (Upper Austria) – Harter Plateau 'Living in a Park,' residential project and shopping center
35 WE	Planning as of 2000	2003–06	Graz-Liebenau – Grünanger 'Eco-Social Residential Project' densification of existing project
33 WE	Planning 1996	2001–02	Trofaiach III (Styria) – Waldstraße Residential project, wood system construction technology (CS III)
28 WE	Planning as of 2000	2002–03	Fohnsdorf (Styria) – Hochwiesenweg Row houses
22 WE	Planning as of 1998	1999–2000	Feldkirchen – Wadlfeld (Carinthia) Multilevel wood residential project (CS I / II)
	Planning as of 1997	2007	Graz-Lend – Wiener Straße Conversion of an urban residential building
26 WE	Planning as of 1997	1998–2000	Telfs (Tyrol) – Schlichtling Multilevel residential project using prefabricated wood elements
6 WE	Planning as of 1996	1998	Mürzsteg (Styria) Multifamily residential building, large panel construction technology (w/ Josef Hohensinn)
42 WE	Planning as of 1996	1996–98	Judenburg (Styria) – Stadionstraße Multilevel wood residential building
	Planning and Construction	1995	Triebenbach (Styria) Power station (w/ H. Krauß)
62 WE	Certification Process 1995	2000–02	Leoben (Styria) – Seegrabenstraße Multilevel residential project
45 WE	Planning as of 1997	1999	Trofaiach II (Styria) – Waldstraße Residential project, wood system construction technology (CS II)
36 WE	Certification Process 1995	1997–98	Trofaiach I (Styria) – Tannenweg Residential project, wood system construction (CS I)
6 WE	Competition 1993	1999	Gaishorn am See (Styria) Residential project, wooden post-and-beam construction (CS II)
10 WE	Competition 1993	1996	Gaishorn am See (Styria) Residential project, wooden post-and-beam construction (CS I)
27 WE	Certification Process 1992	ab 1997	Graz–Liebenau – Housing
40 WE	Competition 1994	ab 1997–98	Schweinfurt, Bavaria _Germany – Heisenbergstraße Residential project, wood large-panel construction
60 WE	Competition 1992	1994–96	Bavaria_Germany – Meisenweg Residential project, structural wood framing system
56 WE	Competition 1991	1997–98	Schwabach, Bavaria_Germany – Reichswaisenhausstraße Residential project, wood large-panel construction
	Competition 1992	1993–95	Judenburg (Styria) – Kaserngasse Event Center, conversion and annex
250 WE	Competition 1991	1996–97	Dortmund, NRW_Germany – Eberstraße Residential project as part of the IBA Emscherpark
33 WE	Competition 1991	1994	St. Marein b. Knittelfeld (Styria) Residential project, mixed construction using wooden framework
100 WE	Urban Development	1997–98	Spielberg (Styria) – Pausendorferstraße Residential project with wood panel façades (CS I + II)
	Competition 1991	2002/03	
	Planning and Construction	1989	Graz-Lend – Wienerstraße Convresion of a workshop building into an architecture office
54 WE	Competition 1989	1992–94	Graz-Straßgang – Bahnhofstraße Multilevel housing development
19 WE	Competition 1988	1990–92	Allerheiligen bei Wildon (Styria) Residential development, wood post-and-beam construction
20 WE	Competition 1987	1991–92	Graz-Gries – Fasangartengasse Wood construction in an urban block
24 WE	Competition 1985	1987–89	Zeltweg-Mölbenring (Styria) Residential building group with wood construction segment
	Study and Installation	1984	Graz-Innere Stadt – Schloßbergstollen Installation at the 'Steirischer Herbst' (Styrian Autumn) Exhibition
21 WE	Planning and Construction	1989–90	Graz-Mariatrost Tannhofgründe IV Residential buildings, mixed construction with wood panel technology
45 WE	Competition 1983	1989–90	Graz-Mariatrost Tannhofgründe II Residential development, mixed construction with wood panel technology
100 WE	Competition 1983	1986–88	Graz-Mariatrost Tannhofgründe I Residential building groups around courtyards
162 WE	Competition 1983	1993–95	Graz-St.Peter Wienerbergergründe III – Franz-Spath-Ring Residential development (w/ R. Erskine)
160 WE	Competition 1981	1990–92	Graz-St.Peter Wienerbergergründe II – Peterstalstraße Residential development (w/ R. Erskine)
72 WE	Competition 1981	1985–88	Graz-St.Peter Wienerbergergründe I Breitenweg, Franz-Spath-Ring Residential development (w/ R. Erskine)
1 WE	Competition 1981	1983–84	Graz-Mariatrost – Fraungruberstraße Öttl House, wood post-and-beam construction technology
1 WE	Planning as of 1982	1978–81	Graz–Mariatrost – Neusitzstraße Seemann House
1 WE	Planning and Construction	1972/73	Steyr-Kürnberg (Lower Austria) – Wieserfeldplatz Summer house Dietmar Rieß, balloon-frame-construction

Judenburg   Bayern, Schwabach D

ALLGEMEINE VERÖFFENTLICHUNGEN
GENERAL PUBLICATIONS

Hubert Rieß (im Interview mit Maria Nievoll):
Im Gespräch mit Hubert Rieß, in: GAT, 2.11.2005
Hubert Rieß Innovatives und kostensparendes
Bauen, in: Architekturforum Österreich (Hg.):
Wohnbau-Denkmodelle. Das andere Selbe, Linz
2001, S. 25–30
Hubert Rieß (Im Interview mit Anna Struna):
Uresnicene Sanje, in: Hise (Ljubljana), Oktober
2001, S. 20–25
Hubert Rieß Von Holzwegen. Grünmarkiges,
blauweiß durchzogen, rotweiß verpackt, in:
Zuschnitt 1/2001, S. 16
Hubert Rieß Wie wohnen wir in hundert Jahren?
(Im Interview mit Gerfried Sperl), in: konstruktiv
222, November/Dezember 2000, S. 38–40
Hubert Rieß Wir bauen keine Baracken mehr
(Interview), in: Kleine Zeitung, Graz, 6.12.1999,
S. 9–10
Hubert Rieß Aktuelles vom Holzrahmenbau.
Ein Werkbericht mit kritischen Überlegungen, in:
Peter Schreibmayer (Hg.): Holzbausysteme im Woh-
nungsbau, Symposium 1996, auszugsweise Bild-
und Textdokumentation der Vorträge, Veröffent. d.
Abteilung für Experimentellen Hochbau, Institut
für Hochbau für Architekten, Techn. Univ. Graz, Graz
1997, S. 102–115
Hubert Rieß Innovatives und kostensparendes
Bauen, in: Thüringer Ministerium für Wirtschaft und
Infrastruktur (Hg.): 1. Wohnbaukongreß Thüringen.
Zukunft Wohnen, 18./19.11.1996, Erfurt, S. 69–79
Katharina Matzig Prof. Hubert Rieß, Sonderheft: 14
Junge Professoren, Bauwelt 8, 1996, S. 400–401
Hubert Rieß Von der Notwendigkeit, neu zu bauen,
in: Neues Bauen auf dem Lande. Dokumentation
der Frühjahrstagung 1995. Tagungsbericht der
Bayerischen Akademie Ländlicher Raum e.V.
30.–31.3.1995. Redaktion Josef Attenberger,
München 1996, S. 12–18
Christian Kühn Kein Geruch von Stadel, in:
Die Presse, Spectrum, 23.9.1995
Hubert Rieß Es kann nicht jeder wild drauflosbauen
(Im Interview mit Max Merk und Wolfgang Pittrich),
in: Mikado 12, 1994, S. 31–33
Hubert Rieß Allerheiligen in Wildon bei Graz, in:
Bauwelt 28/29, 1993, S. 1533–1535
Hubert Rieß Wohnungen mit Hausqualitäten.
Siedlung am Mölbenring, Zeltweg, in: Architektur
Aktuell, Dezember 1990, S. 52–54

Hubert Rieß Erskines Grazer Adaption, in:
Werk, Bauen und Wohnen 6/1989, S. 10–13
Hubert Rieß Siedlung in Graz-St. Peter, in:
Baumeister 9/1988, S. 32–39
Hubert Rieß Murstudie. Gedanken zur Gestaltung
des Lebensraumes Mur, Red.: Karl-Heinz Herper
und Andy Ischka, Graz 1986
Hubert Rieß (im Interview mit Orhan Kipcak):
Hubert Rieß über Skandinavien, Ralph Erskine und
das Grazer Projekt, in: Architektur Aktuell 107/1985,
S. 50–52, 54–55
Hubert Rieß Studie über die künftige Nutzung des
linksseitigen Mühlganges. Städtebauliche Studie im
Auftr. d. Magistrat der Stadt Graz, Planungsamt,
erstellt von Hubert Rieß, Mitarbeit: Isolde Stecker,
hg. v. Magistrat der Stadt Graz, Stadtplanungsamt,
Graz 1977

PROJEKTBEZOGENE
BUCHVERÖFFENTLICHUNGEN
PROJECT-RELATED BOOKS

Patricia Zacek Haus Sigmund, in: Haus der Archi-
tektur Graz (Hg.): Jahrbuch Architektur 05/06, Graz
2006, S. 84–89 (WB Haus Sigmund, Wien)
Bayerisches Staatsministerium des Inneren – Oberste
Baubehörde, Abteilung Wohnungswesen und Städte-
bauförderung (Hg.), Wohnen in allen Lebensphasen:
Aspekte der Anpassungsfähigkeit am Beispiel von
Modellvorhaben des Experimentellen Wohnungs-
baus in Bayern, München 2006 (mehrere verteilte
Nennungen) (WB Waldkraiburg)
Otto Kapfinger Neue Architektur in Kärnten, Salz-
burg 2006, S. 3.10 (WB Feldkirchen-Haiden)
Siegfried Kristan (Hg.) Sozialer Wohnbau in der
Steiermark, Graz 2005, S. 46–47 (WB Grünanger)
Michael Szyszkowitz/Renate Ilsinger Architektur
STMK, Graz 2005, S. N09, N25 (WB Trofaiach, WB
Judenburg)
Michael Szyszkowitz/Renate Ilsinger Architektur
Graz, Graz 2003, S. G06, I 11, J0 4 (WB Tannhof I + II,
WB Wienerberger, WB Straßgang)
Claus Pándi, Barbara Mungenast, Bruno Klomfar
Wiener Wohn_Bau 1995–2005, Wien 2005, S. 68,
69 und 70, 71 (WB Mühlweg, WB Spöttlgasse Wien)
Patricia Zacek Impulszentrum Graz-West, in: Haus
der Architektur Graz (Hg.): Jahrbuch Architektur 04/
05, Graz 2005, S. 42–49 (GB Impulszentrum Graz)
Ingo Mörth Vom ‚Wohnen im Hochhaus' zum,
Wohnen im Park', in: Land Oberösterreich, Ober-
österreichisches Landesmuseum (Hg.): Wie wir

wohn(t)en. Alltagskultur seit 1945, Katalog, Weitra
2005, S. 201–220 (WB Leonding)
Martin Teibinger Holz-Mischbau im urbanen Hochbau. Hüllen in Holzbauweise bei Gebäuden mit
mineralischer Tragstruktur, Wien 2003, S. 34–35,
94–95 (WB Trofaiach I, WB Spielberg I und II)
Hans Andrej Holzmodule lösen die Baracken am
Grünanger ab, in: Kleine Zeitung Graz, 23.9.2003
(WB Grünanger)
Alexander Petutschnigg, Gerhard Neubauer, Mary-
Ann Vajdic Evaluation der Planungs- und Bapro-
zesse von Holzgeschosswohn- und Bürobauten und
Entwicklung von Maßnahmen zur Optimierung
dieser, Berichte aus Energie- und Umweltforschung
33/2002, Wien 2002 (verteilte Nennungen) (WB
Judenburg)
Susanne E. Bruner, Susanne Geissler, Helmut
Schöberl Vernetzte Planung als Strategie zur Be-
hebung von Lern- und Diffusionsdefiziten bei
der Realisierung ökologischer Gebäude. Berichte
aus Energie- und Umweltforschung 28/2002,
Wien 2002, S. 20–22,110–113 (WB Grünanger)
Helmut Pierer Holzbau in der Steiermark, Graz
2002, S. 244–245, 255, 258–259, 262–264, 273
(WB Trofaiach II, WB Trofaiach I, WB Mürzsteg,
WB Judenburg, WB Allerheiligen)
Otto Kapfinger Bauen in Tirol seit 1980. Ein Führer
zu 260 sehenswerten Bauten, Salzburg 2002, S. 9
(WB Telfs)
Bayerisches Staatsministerium des Inneren – Oberste
Baubehörde (Hg.) Wohnungen in Holzbauweise,
Wohnmodelle Bayern, Bd. 2. Beispiele des Sozialen
Wohnungsbaus. Neue Wege zum kostengünstigen
Bauen, München 2002, S. 85–89, 91–95 (WB
Schwabach, WB Waldkraiburg)
Reinhard Seiß Beton um Beton, Stahl um Stahl,
in: Die Presse, Spectrum, 23.11.2002 (WB Leonding)
Christian Stenner Projekt Grünanger: Holz im
ökosozialen Wohnbau in: Korso, Oktober 2001 (WB
Grünanger)
Bayerisches Staatsministerium des Inneren – Oberste
Baubehörde (Hg.) Wohnungen in Holzbauweise
Energetische und ökologische Nachuntersuchung
der Modellvorhaben, München 2001, (verteilte
Nennungen) (WB Schwabach, WB Schweinfurt)
Bayerisches Staatsministerium des Inneren –
Oberste Baubehörde (Hg.) Wohnungen in Holzbau-
weise. Bautechnische, wirtschaftliche und sozial-
wissenschaftliche Nachuntersuchung, München
2001, S. 295–315, 317–343 (WB Schwabach, WB
Schweinfurt)

...yern, Waldkraiburg D   Bayern, Schweinfurt D

Magistrat der Stadt Krems, Stadtbaudirektion (Hg.) Krems – Stadt im Aufbruch 2001: Architektur und Städtebau, ein Bilanz, Krems 2001, S. 22 (WB Krems-Thallern)

Walter Stamm-Teske/Lars-Christian Uhlig/Indra Kupferschmid Preiswerter Wohnungsbau in Österreich : eine Projektauswahl, Düsseldorf 2001, S. 90–93 (WB Judenburg)

Nikolaus Hellmayr Architektur des Alltags. Der Wohnbau der Neunziger Jahre in der Steiermark, Graz 2001, S. 45, 54 (WB Judenburg, WB Trofaiach)

ProHolz Steiermark (Hg.) Holz im steirischen Wohnbau, Graz 2001, S. 41–43 (WB Gaishorn)

Landesinstitut für Bauwesen des Landes Nordrhein-Westfalen: Neues Wohnen in NRW. Highlights zukunftsweisenden Bauens 1996–99, Aachen 1999, S. 78–83 (WB CEAG-Gelände Dortmund)

Dominique Gauzin-Müller Construire avec le bois, Paris 1999, S. 176–181 (WB Zeltweg, WB Allerheiligen)

Otto Kapfinger/Walter Zschokke (u.a.) Architektur Szene Österreich. Bauten, Kritik, Vermittlung, 1994–99 (Elektronische Ressource, CD-ROM), Wien 1999 (WB Judenburg XIX)

Bayerisches Staatsministerium des Inneren – Oberste Baubehörde (Hg.) Wohnmodelle Bayern, Bd. 3: kostengünstiger Wohnungsbau, München 1999, S. 28–29, 110–115 (WB Judenburg, WB Schweinfurt)

Wolfgang Teetz Mehrgeschossiger Holzbau. Wohnmodelle. Modellvorhaben Mietwohnungen in Holzsystembauweise: Ingolstadt, München, Regensburg, Nürnberg, Würzburg, Waldkraiburg, Düsseldorf 1998, S. 18–19 (WB Waldkraiburg)

Elmar Dittmann/Jörg Nussberger/Ludwig Röttgermann Aktuelles Entwurfs- und Planungshandbuch für den wirtschaftlichen Wohnungsbau. Normen und Vorschriften, Planungskonzepte, Grundrissvarianten und Projektbeispiele, Bd. 1, 1994, Bd. 2, 1994, Bd. 3, Ergänzungsband, Augsburg 1997 (WB Judenburg)

Magistrat Graz (Hg.) Graz. Kommunaler Wohnbau 1982–1997, Graz 1997, S. 54–55, 118–119 (WB Tannhofgründe I, Fasangartengasse)

N.N. Wettbewerb Solar-City Pichling, Oberösterreich, in: Architektur + Wettbewerbe, Juni 1997, Solararchitektur, Stuttgart 1997, S. 63–69 (WBW Solarcity, Linz-Pichling)

Wolfgang Teetz, Elmar Ludwig Dokumentation bayerischer Holzbauten, hg. v. d. Arbeitsgemeinschaft Holz e.V. und dem Bayerischen Landesbeirat Holzverwendung, Düsseldorf 1996 (WB Waldkraiburg, WB Schweinfurt)

Johannes Brucker (Hg.) Holzsysteme für den Wohnungsbau. Grundlagen – Produkte – Beispiele: Informationen für Bauherren, Architekten und Ingenieure/Wirtschaftsministerium Baden-Württemberg, Stuttgart 1995, S. 92 (WB Allerheiligen, WB Waldkraiburg)

Forum ZT, Ziviltechniker-Forum für Ausbildung und Berufsförderung der Ingenieurkammer für Steiermark und Kärnten (Hg.) Wohnbau in der Steiermark 1986–92. Bauten und Projekte, Ulrike Oroszy (Red.), Graz 1993, S. 134–137 (WB Fasangartenstraße, WB Allerheiligen, WB Zeltweg-Mölbenring)

Haus der Architektur Graz (Hg.) Architektur als Engagement. Architektur aus der Steiermark 1986–1992, Graz 1993, S. 92–93 (WB Zeltweg, WB Allerheiligen, WB Tannhof, WB Wienerberger Gründe)

Holger Reiners Einfamilienhäuser aus Holz. Planen, Bauen und Wohnen mit einem natürlichen Baustoff, Schriftenreihe: BauArt, München 1993, S. 80–81 (WB Graz, Haus Öttl)

Dietrich Ecker Architektur Steiermark, 1983–1993= Architecture Styria, 1983–1993, Graz 1993, S. 199, S. 26 (WB, Zeltweg, WB Allerheiligen)

Amt der NÖ Landesregierung, Baudirektion Ortsbildpflege Niederösterreich schön erhalten – schöner gestalten. Ortsbildbroschüre der Baudirektion Ortsbildpflege im Amt der NÖ Landesregierung, Ausgabe 41, St. Pölten 1991, S. 19 (WB Zeltweg)

Paulhans Peters Wege zu einer neuen sozialen Wohnkultur, in: Bayerisches Staatsministerium des Innern, Oberste Baubehörde (Hg.) Wohnmodelle Bayern 1984–1990. Beispiele des sozialen Wohnungsbaus, Erfahrungen aus der Vergangenheit – Wege in die Zukunft. Katalog zur Ausstellung Wohnmodelle Bayern 1984–1990, 2. Aufl., München 1991, S. 36–53 (WB Graz, Wienerbergergründe, WB Zeltweg, WB Waldkraiburg, WB Tannhof I)

Yoshinobu Ashihara World collective houses. 200 in the 20th Century, Tokyo 1990, S. 206 (WB Graz, Wienerbergergründe)

J. Martina Schneider (Red.) Wohnen in Zukunft, Köln 1990, Schriftenreihe: Arcus, Bd. 11, S. 63–67 (WB Graz, Wienerbergergründe, WB Graz, Tannhofgründe)

Dietrich Ecker/Ernst Giselbrecht (Red. Betreuung) Landesholzwirtschaftsrat Steiermark (Hg.) Moderner Holzbau in der Steiermark, Graz 1990, S. 102–105, 158–161 (EF Graz, Haus Öttl, WB Zeltweg)

Josef Robert Bahula Wohnbau in der Steiermark 1980–86. Bauten und Projekte, Wien 1986, S. 103–105 (WB Zeltweg Seite 88–89, Wienerbergergründe I)

Steirischer Herbst (Hg.) Architekturvision 1984, Skizzenbuch Steirischer Herbst 1984, Graz 1984, S. 15 (Beitrag Schlossbergstollen Graz)

PROJEKTBEZOGENE
ZEITSCHRIFTENVERÖFFENTLICHUNGEN
PROJECT-RELATED
PERIODICAL PUBLICATIONS

Wojciech Czaja Baumhaus reloaded, in: Der Standard, 26.8.2006 (WB Mühlweg Wien)

Martina Nöstler Urbaner Wohnbau. Momentaufnahme Projekt Mühlweg, in: Holzkurier, Woche 27, 6.7.2006, S. 10–11 (WB Mühlweg Wien)

Woyciech Czaja Debut eines Baustoffs. Wohnhausanlage am Mühlweg, Wien 21, in: Architektur und Bauforum 14, 21.8.2006, S. 17–19 (WB Mühlweg Wien)

Anne Isopp Mehrgeschossiger Holzmischbau. Holz in der Stadt, in: Architektur und Bauforum 14, 21.8.2006, S. 26–27 (WB Spöttlgasse Wien)

Anne Isopp Haus Sigmund. Mehrfamilienhaus in Wien-Nussdorf, in: Zuschnitt 20/2005, Seite 19 (EF Haus Sigmund Wien)

Ferk, Heinz J. Schallschutz bei Wohnungstrennwänden Holzbausystemen, Zuschnitt 18/2005, S. 22–24 (WB Judenburg, GB Impulszentrum Graz, WB Spöttlgasse)

Eva Guttmann Getrennte Wege – Impulszentrum Reininghausgründe, in: Zuschnitt 18/2005, S. 11–13 (GB Impulszentrum Graz)

Karin Tschavgova-Wondra Vor.fertig.los. Holzwohnbau in der dritten Dimension, in: Lebenswert. Perspektiven für die Steiermark, Heft 2, 2005, S. 16–17 (WB Judenburg)

Christian Mayr Holzbauten, Sparhäuser, Rad-Citys. Gehört energiesparenden Bauformen die Zukunft im Wiener Wohnbau, in: Die Presse, 23.9.2005 (WB Spöttlgasse)

Ute Angeringer Impulszentrum Graz-West, in: GAT (www.gat.st), Graz 12.7.2005 (GB Impulszentrum Graz)

N.N. Entwurfsbericht Impulszentrum Graz-West, in: A-Null News 2/2005, S. 20–21 (GB Impulszentrum)

Isabella Marboe Innovativ in bester Tradition: Impulszentrum Graz, in: Korso 7/8, 2005, S. 6 (GB Impulszentrum Graz)

Ernst Koch Viel Holz in der Hülle. In der Wiener Spöttlgasse beschnuppern Bewohner neues Wohnklima, in: Wohnen Plus 3/2005, S. 23–25 (WB Spöttlgasse Wien)

Spielberg   Judenburg, Stadionstraße

Karin Tschavgova Gestapelte Bungalows, System-
bau mit Zukunft, in: Der Standard, Rondo Sonder-
nummer Holzbau auf der Überholspur, 20.11.2002,
S. 16–17 (WB Trofaiach II)

Sabine Lüers Pilotprojekt in Postkartenidylle,
in Mikado 1/2002, S. 12–15 (WB Telfs)

Isabella Straub Dreimal auf Holz geklopft, in:
Die Brücke, Kärnten.Kunst.Kultur, Dezember/Jänner
2001/2002, o.S. (WB Feldkirchen)

Walter Kuschel Qualität und Quantität des Holz-
geschoßwohnbaus in der Steiermark, in: Zuschnitt
1/2001, S. 12 (GB Impulszentrum Graz)

N.N. Franz-Baumgartner-Preis 2001, in: Wettbewerbe, November/Dezember 209/210, 2001,
S. 19–20 (WB Feldkirchen)

Susanne Dickstein Von den Wohnsilos in den Park,
in: Wohnen Plus 6, 2001, S. 13–16 (WB Leonding)

Nikolaus Hellmayr Skandinavien, Bayern, Steiermark…, Holzwohnbau in Trofaiach, Steiermark,
in: Architektur Aktuell 1/2, 2001, S. 70–81
(WB Trofaiach II)

Walter A. Chramosta Steirischer Reifezustand.
Ein neuer Dreigeschosser von Hubert Rieß ,
in: Zuschnitt 1/2001, S. 12–15 (WB Trofaiach II)

Walter A. Chramosta Schlichte Holzschiffe, festge-
macht im turbulenten Inntreiben, in: Architektur
und Bauform 5/2001, S. 114–121 (WB Telfs)

Friedemann Zeitler Wohnhaus in Trofaiach, in:
Detail 2001/4, Sonderheft: Elemente und Systeme,
S. 647–652 (WB Trofaiach II)

N.N. Wien 21, Spöttlgasse 7, in: Perspektiven,
der aufbau 5/2000, S. 56–57 (WB Spöttlgasse)

Sonja Schulenburg Ausgeprägte Konzeption.
Wohnhausgruppe in Judenburg/A, in: DBZ
Deutsche Bauzeitschrift 4/2000, S. 54–59 (WB
Judenburg XIX)

Andrea König Geliebte kleine Welten, in:
Der Standard, 12.11.1999 (WB Graz, Grünanger)

Eckhard Klopp. Qualität nach Maß. Mehrge-
schoßiger Wohnbau, in: Mikado 11/1999, S. 40–43
(WB Judenburg XIX)

Vera Grimmer Holzzeilen am Waldrand. Wohnanlage Stadiongasse in Judenburg, Steiermark,
in: Architektur Aktuell 221/1998, S. 116–125
(WB Judenburg XIX)

Christian Kühn Kunst oder Hülle, in: Die Presse,
Spectrum, 25.7.1998 (WB Judenburg XIX)

Christian Kühn Hubert Rieß. Eine Evolutionsge-
schichte, in: Architektur und Bauforum 5/1998,
S. 78–100 (WB Judenburg XIX, WB Schwabach,
WB Waldkraiburg, WB Schweinfurt, WB Trofaiach)

Wolfgang Jean Stock Siedlung in Waldkraiburg,
in: Baumeister 1/1998, Sonderheft: Neue Holzwerk-
stoffe – Bausteine für eine andere Architektur,
S. 16–20 (WB Waldkraiburg)

Jan Klasmann Für Sinne und Gemeinschaft,
in: Bau- und Immobilien Report 11/1998, S. 33–36
(WB Judenburg XIX, Schwabach, Waldkraiburg,
Telfs, Zeltweg, Allerheiligen)

Eva-Maria Froschauer Experiment und Anwendung.
Zwei Holz-Wohnhausgruppen in Judenburg und
Schweinfurt, in: Bauwelt 6/1999, S. 278–287
(WB Judenburg XIX, WB Schweinfurt)

Doris Stoisser Holz ist eine Weltanschauung,
in: Wohnen Plus 4/1998, S. 9–12 (WB Judenburg)

Alfred Früh Wellenbrecher gegen die Lärmflut,
in: Wohnen Plus 4/1998, S. 13–14 (WB Gaishorn)

N.N. Eine Branche klopft auf Holz, in: Wohnen Plus
4/1998, S. 6–8 (WB Zeltweg-Mölbenring)

Johann Osl Die schwebenden Kistchen von
Waldkraiburg. Wohngebiet Meisenweg, in: Mikado
2/1997, S. 24–26 (WB Waldkraiburg)

Vera Grimmer Hubert Rieß – Die Permanenz der
Verwandlung. Umbau und Neugestaltung des Veranstaltungszentrum von Judenburg, Steiermark,
in: Architektur Aktuell 203/1997, S. 106–119
(VZ Judenburg)

Martin M. Daut Geschoßwohnungsbau in Holzbauweise. Ein Vergleich amerikanischer und deutscher
Baumethoden, in: DBZ – Deutsche Bauzeitschrift,
7/1996, S. 151–156 (WB Schwabach)

N.N. Veranstaltungszentrum Judenburg, in: Planen–
Bauen–Wohnen 1/1996, S. 41 (VZ Judenburg)

N.N. Wohnbebauung am Josef-Steinberger-Weg
in Graz, Österreich, in: Architektur + Wettbewerbe
161, Sonderheft: Wohnanlagen für die Stadt, März
1995, S. 8–9 (WB Graz, Josef-Steinberger-Weg)

Silvia Laser Nicht auf dem Holzweg. Ein Baustoff
stellt sich vor, in: Architektur 6/1995, S. 36–43
(WB Schwabach)

Helga Hoffmann Schwabach am Holzgarten –
Kostengünstiger Mietwohnungsbau in Holzsystem-
bauweise, in: AIT. Architektur, Innenarchitektur,
Technischer Ausbau 1/2, 1995, S. 40–45 (WB
Schwabach)

Peter Blundell Jones A place for people, in:
Architectural Review 10/1995, S. 70–73 (WB Graz,
Tannhofgründe II)

Jörg Nußberger Sonderprogramm Holzsystembauweise, in: Baumeister 6/1995, S. 12–17
(WB Schwabach)

N.N. Gut Holz und Trockenbau. Holzrahmenbau,

in: Trockenbau-Akustik 12/1994, S. 18–25
(WB Schwabach)

Peter Kuhweide Pilotprojekt Schwabach –
Bayerisches Modell für kostengünstigen Geschoss-
wohnungsbau, in: Sächsischer Baumarkt 12/1994,
S. 17–21 (WB Schwabach)

N.N. Technisch perfekte und wirtschaftliche
Lösungen. Dreigeschossiger Holzbau mit Knauf Bau-
platten und Trockenbausystemen, in: Sächsischer
Baumarkt 12/1994, S. 22–23 (WB Schwabach)

N.N. Wohnbebauung Bahnhofstraße, in: Wettbewerbe 133/134, Juli, August 1994, S. 105–109
(WB Graz, Bahnhofstraße)

Werner Marschall Holzsystembauweise, in:
Baumeister, Sonderheft: Ökologisch Bauen 10/1994,
S. 22–25 (WB Schwabach)

Klaus Siegele Kostengünstiges Bauen in Holzsystembauweise, in: Deutsche Bauzeitung 4/1994,
S. 94–95 (WB Schwabach)

Katharina Zahn Sozialwohnungen in Holzbauweise.
Pilotprojekt mit Vorbildcharakter, in: Mikado
12/1994, S. 14–15 (WB Schwabach)

Conrad A. Moebus Tragswerkplanung. Erfahrungen
sammeln, in: Mikado 12/1994, S. 24–25 (WB
Schwabach)

Gernot Zielonka Bauphysik und Holzsystembauweise sind vereinbar. Zu Risiken und Nebenwir-
kungen fragen Sie den Bauphysiker, in: Mikado
12/1994, S. 26–29 (WB Schwabach)

Michael Kislinger Neuland betreten. Schwabach
am Holzgarten, in: Mikado 12/1994, S. 18–22
(WB Schwabach)

Gernot Zielonka Bauphysik und Holzsystembauweise sind vereinbar. Zu Risiken und Nebenwir-
kungen fragen Sie den Bauphysiker, in: Mikado
12/1994, S. 26–29 (WB Schwabach)

Martin M. Daut Holzsystembau – Der richtige Weg,
preiswert – schnell – gut, in: Mikado 12/1994,
S. 34–37 (WB Schwabach)

Gernot Zielonka Technisch perfekt und wirtschaftlich. Bauplatten und Trockenbausysteme, in:
Mikado 12/1994, S. 38 (WB Schwabach)

Friedjof Möckel Erneuerung der Nordstadt.
Die Revitalisierung des ehemaligen CEAG-Geländes,
in: Architektur und Wirtschaft, Journal Dortmund,
1994, S. 2–3 (WB CEAG Dortmund)

Josef Robert Bahula Städtisches Wohnbauprojekt
Fasangartengasse in Graz, Steiermark, in:
Wett-bewerbe 123/124, 1993, S. 41–45 (WB Graz,
Fasangartengasse)

N.N. Wohnen unterm Apfelbaum. Wohnanlage

Trofaiach   Telfs, Schichtling

Allerheiligen bei Wildon. Wohnbaumodelle, in:
Architektur Aktuell Juni/Juli, 1993, S. 65–68 (WB
Allerheiligen)

Walter Zschokke Was heißt hier Baracke?, in:
Die Presse, 27.02.1993 (WB Zeltweg)

Christoph Gunßer Fröhliche Normalität, in:
Deutsche Bauzeitung 2/1993, S. 56–59 (WB
Wienerberger-Gründe)

Christoph Gunßer Fröhliche Normalität, Siedlung
Wienerbergergründe in Graz-St. Peter, in: Deutsche
Bauzeitung 2/1993, S. 56–59 (WB Graz, Wiener-
bergergründe)

Lore Kelly Generation des Aufbegehrens, in: Architektur und Technik 12/1991, S. 29–34 (WB Graz,
Wienerbergergründe, WB Graz, Tannhofgründe II)

Orhan Kipcak Grazer Pragmatismus, in: Bauwelt
11/1991, S. 502–505 (WB Graz, Tannhofgründe II)

Leopold Dungl Zug zur Zukunft, in: Wohnen Plus
4/1991, S. 6–9 (WB Zeltweg)

N.N. Siedlung in Zeltweg, in: Baumeister 7/1990,
S. 40–45 (WB Zeltweg)

N.N. Wohnanlage Zeltweg, in: Planen–Bauen–
Wohnen 130/1990, S. 37–39 (WB Zeltweg)

Wolfgang Bachmann Wohnsiedlung Mölbenring
in Zeltweg, Steiermark, Bauen für die Leut', in:
Bauwelt 25/1990, S. 1282–1286 (WB Zeltweg)

Dietmar Steiner Die fröhliche Normalität. Wohnanlage Wienerberger-Gründe, Graz, in: Stadtbau-
welt 105, Nr. 12/1990, S. 604–607 (WB Wienerberger-Gründe)

N.N. Wohnhausanlage Wienerbergergründe, Graz,
in: Planen–Bauen–Wohnen 126/1989, S. 13–15
(WB Wienerberger-Gründe)

N.N. Ralph Erskine & Hubert Riess. Logements à
Graz-St. Peter, in: Architecture d'aujourd'hui, 264,
Septembre 1989, S. 139–141 (WB Wienerberger-
Gründe)

Dietrich M. Höppner Haus Dr. Öttl, in: Bauforum
126/1988, S. 36–37 (EF Graz, Haus Öttl)

N.N. Wettbewerb Zeltweg „Modell Steiermark", in:
Wettbewerbe 53/54, 1986, S. 46–47(WB Zeltweg)

N.N. Wettbewerb Wohnungsbau am Dr.-Emperger-
Weg, Graz, in: Wettbewerbe 51/52, 1986,
S. 112–113 (WB Dr.-Emperger-Weg, Graz)

Ernst Koch Neue Formen der Zusammenarbeit, in:
Wohnbau 7/8, 1984, S. 42–45 (WB Wienerberger I,
Tannhof I)

Mürzsteg   Feldkirchen, Waldfeld

                                                                        Mitarbeit im Bür
                                                                        Mitarbeit im Büre
                                                                        Lehrauftrag für
                                                                        Stipendium an der Konsth
                                                            Vertragsassistent bei Prof. Josef Klose am
                                                            Assistent bei Prof. Jan Gezelius an der TU

                                                        Sommerakademie in Salzburg bei Jakob B. Bakem
                                        Sommerakademie in Salzburg bei Pierre Vago
                    Architekturstudium an der TU Graz   Diplomarbeit an der TU Graz „Die Wasserläufe von
HTL Linz Abteilung Hochbau   Graz und ihre Reintegration in die Stadt"
                                                               bei Prof. Hinrich Bielenberg und Prof. Josef Klose

1960	1965	1970	1975	1980

HTL Technical College Linz, Construction Department   Thesis at the TU Graz 'Graz waterways
                    Architecture studies at the TU Graz   and their reintegration in the city'
                                                               Under Prof. Hinrich Bielenberg and Prof. Josef Klos
                                        Summer Academy in Salzburg under Pierre Vago
                                                            Summer Academy in Salzburg under Jakob B. Bak

                                                            Assistant TU Graz, Prof. Jan Gezelius
                                                            Assistant at the Institute for Spatial Desi
                                                            Stipend studies at the Ko
                                                            University teach
                                                            Staff member at
                                                            Staff member at

158

Linz-Leonding   Bärnbach

ph Erskine, Stockholm
Gezelius, Stockholm
hitekturperspektive an der TU Graz
Mans Arkitekturskola Stockholm
citut für Raumgestaltung

Gastprofessor an der TU Wien
Professur an der Bauhaus-Universität Weimar,
Fakultät Architektur für Entwerfen und Gebäudelehre I
Mitglied des Gestaltungsbeirats der Stadt Linz
Gastprofessor für Entwerfen an der TU München
Seit 1985 Befugnis als Selbständiger Architekt mit Bürositz in Graz
Diplomprüfungskommissär für Wohnbau an der TU Graz
Diplomprüfungskommissär für Wohnbau an der TU Graz

| 1985 | 1990 | 1995 | 2000 |

Theses professor for residential construction at the TU Graz
Theses professor for residential construction at the TU Graz
Since 1985 Authorized to work as a freelance architect in Graz
Visiting professor of design at the TU Munich
Member of the design council of the city of Linz
Professor at the Bauhaus University Weimar,
Dept. for Architecture, Design and Building Construction I
Visiting Professor at the TU Vienna

f. Josef Klose
skolans Arkitekturskola, Stockholm
ition for architectural perspective at the TU Graz
ce of Jan Gezelius, Stockholm
ce of Ralph Erskine, Stockholm

Für sämtliche Bilder und Pläne liegen, sofern nicht im Folgenden gesondert genannt, die Rechte beim Architekturhaus Wiener Straße, Graz. Die Recherche der Bildrechte wurde nach bestem Kenntnisstand erstellt. Für den Fall, dass dennoch eine abweichende Autorschaft geltend gemacht wird, bittet der Verlag um Kontaktaufnahme. David Dobler 158 (Mürzsteg); Damir Fabijanic Titel, 53, 58, 59, 99, 154–157, 159 (Veranstaltungszentrum Judenburg, Judenburg Stadionstraße, Trofaiach II, Linz-Leonding); Familie – Gemeinnützige Wohn- und Siedlungsgenossenschaft reg. Gen.m.b.H., Wien 71; Heinz Ferk 60, 145, 146, 147; Pez Heyduk 80, 81, 111, 79 (u. Mitte, u.re.); Florian Holzherr 157 (Telfs); Angelo Kaunat 150, 151, 153 (Wienerbergergründe I + II, Bahnhofstraße); Kartengrundlage GIS-Steiermark 102, 103; Karten-grundlage: Mehrzweckkarte, MA 41 – Stadtvermessung 79 (o.), 83 (u.), 127, 132 (o.); KLH Massivholz GmbH, Katsch/Mur 20, 21, 56, 57, 15, 79 (u.li.); Renate Kapfinger-Kordon 16, 19 (o.); Wilmar König 152 (Tannhofgründe II, Zeltweg); Erik Meinharter, PlanSinn, Wien 90, 91, 94, 95; Paul Ott 154, 156 (Waldkraiburg, Schweinfurt); Foto Grafik Petek 151 (Tannhofgründe I); Wilhelm Schnöll 150/151 (Haus Öttl, Graz);

Herausgeber und Verlag danken proHolz für die Abdruckgenehmigung der Texte von Eva Guttmann und Anne Isopp aus der Zeitschrift Zuschnitt.

Herausgeber | Editors Otto Kapfinger, Wien Ulrich Wieler bdfw+/Weimar – Wien

© für die Texte und Bilder beim Architekten bzw. bei den Autoren
© 2007 für diese Ausgabe bei Springer-Verlag/Wien
SpringerWienNewYork is a part of Springer Science + Business Media springer.com
Printed in Austria
Übersetzung | Translation: Pedro M. Lopez, A–1050 Wien (German–English)
Support: Mark Gilbert, Vienna
Lektorat | Copy-editing: Claudia Mazanek
Gestaltung | Graphic design: Atelier Reinhard Gassner, A–6824 Schlins, Andrea Redolfi
Druck | Printing: Holzhausen Druck & Medien, A–1140 Wien
Gedruckt auf säurefreiem, chlorfrei gebleichtem Papier – TCF
Printed on acid-free and chlorine-free bleached paper
SPIN: 11680512

Bibliografische Informationen der Deutschen Nationalbibliothek
Die Deutsche Nationalbibliothek verzeichnet diese Publikation in der Deutschen Nationalbibliografie; detaillierte bibliografische Daten sind im Internet über http://dnb.d-nb.de abrufbar.

ISBN 978-3-211-32771-5 SpringerWienNewYork

SPONSORING

Austria